I0052218

CANAL
DE RICHELIEU
EN PROVENCE.
MÉMOIRE
A CONSULTER
ET CONSULTATIONS
POUR LE SIEUR FLOQUET.

A PARIS,
Chez PIERRE-GUILLAUME SIMON, Imprimeur du Parlement, rue de la Harpe, à l'Hercule.

M. DCC. LXX.

TABLE DES MATIERES.

PIECES JUSTIFICATIVES à l'appui du Mémoire à consulter.

fait

ERRATA.

PAGES 2, *ligne* 24, au Débiteurs, *lisez* au Débiteur.

7, à la seconde note marginale, la construction, *lisez* sa construction.

10, 8, de la Duranse, *lisez* de la Durane.

9, Ingénieur, *lisez* Ingénieurs.

11, 3, instruit, *lisez* instruits.

13, 4, ou ne jugeant, *lisez* ou qui ne jugeant.

21, avoit compensées, *lisez* avoit faites.

19, 16, dans les premiers, *lisez* dans les premieres.

20, 7, délibration, *lisez* délibération.

14, la page 29, *lisez* page 29.

24, 4, qui ordonnoit, *lisez* qui ordonnoient.

48, à la note marginale, ce mot, *lisez* ces mots.

64, 22, de dépenses, *lisez* *des dépenses.*

65, 6, frais des, *lisez* frais de

80, 28, conditions, *lisez* condition

86, à la note qui est au bas de la page, substituez * à (1).

102, 25, & à celui, *lisez* & de celui

MÉMOIRE

MÉMOIRE

A CONSULTER

POUR le Sieur FLOQUET, Ingénieur, Auteur, Directeur Général, Syndic perpétuel du Canal d'arrosement & de flottaison, commencé en Provence, appellé *Canal de Richelieu*, & Cessionnaire du Privilége du Roi pour la construction de ce Canal.

CONTRE M. BOMBARDE DE BEAULIEU, Conseiller du Roi, Honoraire en son Grand-Conseil, Baron de Montesquiou, Seigneur d'Oson, Valentes, Meillan, & l'un des Intéressés dans le même Canal.

IL s'agit de sçavoir si l'on peut contraindre M. Bombarde de Beaulieu à acquitter 2700 livres de rentes viageres qu'il doit, en vertu de contrats de constitutions passés devant Notaires, inattaquables dans la forme, & plus encore au fond, puisque le prix de la Objet de ce Mémoire.

constitution eſt en ſommes que M. de Beaulieu reconnoît avoir reçues. (C'étoit en un billet écrit de ſa main, billet exigible, & qu'il deſiroit éteindre).

M. de Beaulieu, au moyen des Contrats de conſtitution de l'exécution deſquels il s'agit, a anéanti ſon premier engagement; il ſe propoſe de ne plus remplir le ſecond. L'idée ne lui en eſt pas venue ſur le champ, car il a déja payé des arrérages à leur échéance; mais il prétend, comme on le verra dans la ſuite de ce Mémoire, avoir trouvé un expédient admirable pour ſe libérer à toujours du payement des arrérages échus, & de ceux à échoir à l'avenir.

Le refus que fait ce Débiteur, de continuer à payer les arrérages qu'il doit pour la cauſe la plus légitime, & d'après les actes les plus authentiques, doit faire trembler tout Citoyen honnête, qui regarde comme ſacrés les engagemens conſignés dans des actes publics & ſolemnels.

Ce refus eſt d'autant plus odieux dans la circonſtance préſente, qu'il a pour baſe l'uſure la plus révoltante, puiſque ſi l'idée nouvelle de M. de Beaulieu pouvoit être adoptée, il ſeroit prouvé qu'il auroit entendu faire 2700 liv. de rente viagere, pour acquérir à ſon profit un droit certain & indubitable d'environ 25000 liv. de rente perpétuelle.

L'aveuglement de M. de Beaulieu a mis les Propriétaires des rentes viageres dans la néceſſité de faire au Débiteurs des commandemens d'exécuter les actes qu'il avoit contractés; loin d'y ſatisfaire, il a interjetté appel de ces commandemens en la Cour, & a ſurpris un Arrêt ſur requête, qui ſuſpend toutes pourſuites, de ſorte que l'on ne peut ſe procurer le payement de la dette la plus légitime & la mieux fondée.

M. de Beaulieu a-t-il quelque droit de ſe refuſer au payement des arrérages échus & de ceux à échoir à l'avenir, de la rente de 2700 livres ? Voilà la premiere question soumise à la décision du Conseil.

La seconde ; peut-on demander à la Cour provisoirement l'exécution des Titres, en vertu desquels on demande ce payement, & y a-t-il lieu de croire que la Cour ordonnera cette exécution provisoire, pour empêcher que l'on ne soit la victime d'un Débiteur de mauvaise foi ? C'est sur ces deux demandes que le Conseil est prié de donner son avis.

Il est indispensable de remettre sous ses yeux les faits qui ont donné lieu à la créance sur M. de Beaulieu, & même ceux antérieurs qui ont une connexité absolue avec ceux dont il est nécessaire d'instruire le Conseil.

FAITS préliminaires & antérieurs à ceux qui ont donné lieu à la créance sur M. de Beaulieu.

Comme la source des premiers arrangemens de M. de Beaulieu se puise dans l'affaire du Canal de Provence, on se trouve dans la nécessité de donner une idée générale de cette entreprise.

Idée générale du Canal de Provence.

CANAL DE RICHELIEU EN PROVENCE, destiné principalement pour les arrosemens & la flottaison.

Fertiliser la Province du Royaume qui a le plus besoin de ce secours, lui procurer de nouveaux Habitans, donner de l'étendue à son Commerce, augmenter les revenus du Roi, & assurer en même-tems des profits considérables à ceux qui fourniront les fonds nécessaires, sont les objets que le sieur Floquet s'est proposé de remplir par la construction du canal d'arrosement & de flottaison dont il est l'Auteur.

Objet de l'Auteur de cette entreprise.

Ce Canal est tiré de la Durance en Provence, & divisé dans

Source, cours, embouchures du Canal.

son cours en deux branches ou canaux principaux aussi de flottaison & d'arrosement; l'un doit passer auprès de la Ville d'Aix & avoir son embouchure dans la Mer à Marseille. L'autre, après avoir traversé de vastes & seches campagnes, déchargera ses eaux dans le Rhône auprès de Tarascon, vis-à-vis de Beaucaire.

Son utilité a toujours été reconnue.

L'utilité de cette entreprise a été reconnue dans tous les tems, parce qu'on est convenu dans tous les tems, comme aujourd'hui, que porter de l'eau dans un Pays d'une étendue immense, brûlé par le soleil & désolé par de très-longues sécheresses, c'est lui procurer tous les biens à la fois.

La possibilité de son exécution ne peut être contestée que par gens non instruits & prévenus.

Les difficultés que présente, contre l'exécution du canal projetté, la surface en générale montagneuse, coupée & inégale du terrein de Provence, n'a pu paroître un obstacle qu'à ceux qui manquent d'entente, ou qui décident sans examen. Quand on ne compteroit pour rien, (de quelque poids qu'il soit) l'avis de M. le Maréchal de Vauban, les opérations locales de plusieurs habiles gens faites depuis environ deux siécles, les nivellemens, observations, reconnoissemens & évaluations faites par d'habiles Ingénieurs & Architectes (1), aux frais & en présence de l'auteur du Canal, versé lui-même en ces matieres (opérations qui établissent clairement la possibilité physique & morale de l'exécution de cette entreprise) on trouveroit que cette possibilité physique est constatée par la rapidité avec laquelle les eaux de la Durance vont naturellement au Rhône & à la Mer, en faisant de grands circuits, d'où l'on doit nécessairement conclure qu'elles pourront y être conduites par un chemin plus court préparé par l'art.

(1) Voyez le Cayer des Etats de Provence, année 1724, le certificat du 15 Décembre 1745, déposé aux archives de la Compagnie, & la copie produite au Conseil, des pages 6, 7, 8 & 9 du Mémoire que la Compagnie publia en 1764.

L'abondance des eaux de la Durance, la nature féche & aride du terrein de Provence conftatent feules la poffibilité morale du Canal, en ce que ce font tout autant de bafes d'un grand & folide revenu qui a fervi lui-même de fondement aux calculs que la Compagnie a fait avant d'avancer dans fon imprimé de Novembre 1764, que ce revenu fera d'environ un million huit cens mille livres.

Enfin, dès que les revenus que ce Canal promet font beaucoup plus grands que la dépenfe à faire pour le conftruire, & que l'on ne peut oppofer contre la poffibilité de fa conftruction, que la difficulté que préfente l'inégalité du terrein montagneux & coupé de Provence; tout fe réduit à dire qu'il faudra plus de fonds de la part de la Compagnie, ou, fi l'on veut, plus d'entente de la part de l'Auteur du Canal, & des autres Directeurs des travaux (2).

---

(2) Le grand âge & la trop foible fanté de l'Auteur du canal ne lui permettent plus de fe flatter de pouvoir encore long-temps conduire de près fon entreprife & de faire un long féjour en Provence pour veiller aux opérations.

L'âge & la foible fanté de l'Auteur ne lui permettent plus de fuivre long-tems fon projet.

Ce furent ces deux motifs principalement qui le déterminerent, le 25 Juin 1769, à tranfporter fes droits à M. d'Eyffautier, Commiffaire des Guerres, qui l'affuroit avoir imaginé un moyen infaillible & avantageux à tous, pour fe procurer les fonds néceffaires à l'entiere conftruction de ce Canal. Ce moyen, dont le fieur d'Eyffautier lui fit un myftere, tout bon qu'il lui a paru quand il l'a connu par toute autre voie que par le fieur d'Eyffautier, auroit pu être meilleur. Les Etats de Provence, à qui ce Particulier propofa fon moyen, crurent devoir le refufer; mais fi l'Auteur de l'entreprife l'eût connu, les Etats l'auroient vraifemblablement adopté, & ils ne fe feroient pas borné à reconnoître fimplement l'utilité de cette entreprife & promettre protection à la Compagnie qui la feroit exécuter. Mais pour cela il auroit fallu que ce moyen eût été préfenté avec les corrections & changemens qui devroient néceffairement y être faits; il auroit encore fallu que l'Auteur prévoyant les objections qu'on lui fit, eût été affez inftruit pour y répondre auffi folidement que le fieur Floquet l'auroit fait, fi ayant moins de confiance en la droiture, au zèle & à l'intelligence du fieur d'Eyffautier, il eut exigé que celui-ci lui communiquât d'avance fon moyen, & voulut conférer fur la réponfe à faire aux objections dont on vient de parler: cela

Ces motifs l'avoient engagé en Juin 1769, de tranfporter conditionnellement fes droits à M. d'Eyffautier.

Nature des arrangemens de l'Auteur du Canal, qui ne ſont autres que ceux des deux Compagnies.

On ne fera mention que des arrangemens que le Conſeil doit connoître.

On ne fera mention que des arrangemens que le Conſeil doit abſolument connoître, ſans entrer dans le détail de tout ce qui a été fait ci-devant, relativement à cette entrepriſe.

Le ſieur Floquet acquiert le privilége de conſtruire le canal.

Pour parvenir à réaliſer les avantages que promet la conſtruction de ce Canal, & pour pouvoir agir ſans trouble ni empêchement, le ſieur Floquet acquit ſous ſignature privée en 1736, 1742 & 1746, le privilége accordé par nos Rois à la Maiſon d'Oppede pour la dérivation d'une partie des eaux de la Durance.

Aux précédens actes d'acquiſitions de ce privilége, actes que l'on pouvoit regarder comme un ſeul & même, il en fut ſubſtitué un autre paſſé devant Me Huet & ſon Confrere, Notaires à Paris, le 11 Juillet 1750, portant ceſſion & tranſport à

Son Traité à cet égard eſt aujourd'hui annullé.

n'eſt pas fait cependant; comme l'adoption de ſon moyen par la Province étoit le ſeul eſpoir du ſieur d'Eyſſautier, & que ſon Traité du 25 Juin étoit conditionnel, on doit aujourdhui le regarder comme nul & pour non fait.

Obſervation ſur les fonds néceſſaires pour la conſtruction du canal.

On peut dire à l'égard des fonds, que quelques conſidérables qu'ils puiſſent être, le revenu du Canal ſera toujours de trois à quatre fois plus grand que l'intérêt de l'avance totale des fonds, & douze ou quinze fois plus grand que les intérêts de l'avance à faire, ſi au lieu de ſept à huit millions, auxquels le Mémoire imprimé de la Compagnie fixe les frais de l'entiere conſtruction du Canal, on la borne, comme on le doit, aux deux millions & demi dont la Compagnie actuelle a beſoin pour le porter juſqu'au baſſin de partage de ſes eaux, & pour les autres objets de dépenſes qui la concernent.

Ce canal eſt différent des autres canaux, & cette différence eſt à ſon avantage.

(Ce qui fait que l'on n'a beſoin que d'environ deux millions & demi pour aſſurer l'entiere conſtruction du Canal, c'eſt qu'après qu'il aura été porté juſqu'au baſſin de partage & qu'il y aura une partie ſuffiſante des premiers arroſemens établis, on pourra alors, en déléguant à des prêteurs une portion de ce produit, avoir tous les fonds néceſſaires pour pouſſer les travaux juſqu'aux embouchures du Canal & rembourſer les avances déjà faites. C'eſt en quoi principalement ce Canal eſt différent des autres entrepriſes de pareille nature).

perpétuité desdits droits & priviléges au profit du sieur Floquet & de sa Compagnie.

Ce titre étoit suffisant pour autoriser cet Ingénieur & ses Co-associés à faire construire ce Canal, néanmoins ils crurent devoir faire au Roi l'hommage de cette grande entreprise & se mettre sous la protection directe de Sa Majesté. M. le Maréchal Duc de Richelieu, après en avoir reconnu la possibilité & les avantages, accorda à l'Auteur & à ses Co-associés sa protection auprès du Gouvernement; & par Arrêt du Conseil du 7 Septembre 1751, Sa Majesté confirma le privilége qui avoit été cédé au sieur Floquet avec les exemptions & prérogatives qui y avoient d'abord été attachés, & donna au Canal le nom de Canal de Richelieu. La Chambre des Eaux & Forêts près le Parlement d'Aix, est commise pour juger sommairement & en dernier ressort de toutes les contestations qui peuvent survenir à l'occasion de la construction de ce Canal, circonstances & dépendances.

Ce canal, appellé canal de Richelieu.

Arrêt du Conseil & Lettres patentes pour la construction.

Le 8 Octobre suivant, cet Arrêt fut revêtu de Lettres Patentes, enregistrées au Parlement, à la Chambre des Comptes, Aydes & Finances, & au Bureau des Trésoriers de France en Provence. M. le Maréchal de Richelieu ne s'étoit déterminé à agir comme Protecteur & Chef de la Compagnie, qu'après s'être assuré de la possibilité & de l'importance de l'exécution de cette entreprise; il acheva d'être convaincu de ces deux objets par les Lettres qu'il reçut à cette occasion de M. de Latour, Premier Président du Parlement d'Aix & Intendant de Provence, & de MM. les Procureurs du Pays, Chefs & Administrateurs de cette Province.

Droits de Justice sur le canal.

Quoique les Lettres Patentes paroissent attribuer la Haute, Moyenne & Basse-Justice du Canal à M. le Maréchal Duc de Richelieu, ce Seigneur n'a cependant jamais prétendu jouir que de la Haute ; il a toujours reconnu, ſoit avant, ſoit après l'obtention des Lettres Patentes, dans les actes & dans les délibérations, que cette unique partie lui appartenoit. L'Auteur du Canal ſeul, & enſuite ſa Compagnie, conjointement avec lui, n'ont en effet cédé que la Haute Juſtice. Ce fait eſt encore prouvé par les actes des 8 Août & 11 Décembre 1758, paſſés entre les deux Compagnies, ratifiés par M. le Maréchal Duc de Richelieu, & par le Bureau de l'ancienne Compagnie établi à Aix, & homologués au Parlement de Provence.

En Juin & Juillet 1760, ce Seigneur a cédé à la Compagnie actuelle du ſieur Floquet la Haute-Juſtice du Canal, ſous la condition que ſi elle ne rempliſſoit pas les engagemens qu'elle a contractés à cette occaſion, M. le Maréchal Duc de Richelieu rentreroit dans ſes droits, c'eſt-à-dire, que le tranſport que ce Seigneur lui a fait eſt conditionnel.

Le ſieur Floquet conçut, en 1733, le deſſein de faire conſtruire ce canal.

Depuis 1733, que le ſieur Floquet conçut le deſſein de faire conſtruire ce Canal, juſqu'en 1742, il n'aſſocia à ſon projet que deux ſeules perſonnes qui n'y ont plus d'intérêts, & quoiqu'il eût fait ces aſſociations ſucceſſivement & gratuitement, il lui en a coûté environ 40000 liv. pour rentrer dans ſes droits en entier.

Deux anciens Aſſociés lui ont occaſionné une perte de 40000 livres.

Autre article de dépenſe de 30000 liv. conſtaté par la Compagnie.

Après s'être aſſuré, dans cet intervalle de tems, de la poſſibilité de l'exécution de ſon entrepriſe, avoir fait à cette occaſion des dépenſes conſidérables (3), & avoir reconnu non-ſeulement qu'il n'étoit point aſſez riche pour continuer à fournir ſeul aux dépenſes préliminaires qu'elle exigeoit, mais encore qu'il ne lui

(3) On voit par l'article 5 du plan d'arrangement de la premiere Compagnie, du 24 Mai 1742, dont on parlera dans peu, que ces dépenſes avoient été d'environ 30 mille livres. On ne doit pas les confondre avec celle d'environ 40 mille livres dont on vient de parler.

auroit

auroit pas été possible de former en Provence une Compagnie, composée seulement d'un petit nombre de personnes suffisamment riches, qui en se réservant les trois quarts ou les cinq sixiémes de la propriété & du produit du Canal, & en lui laissant exempt de fond d'avance le quart ou le sixieme restant, voulût fournir aux frais de construction des ouvrages & aux autres dépenses relatives à son entreprise; il fut conseillé d'associer à ses droits & privilége un nombre de personnes qui fût assez grand pour subvenir à faire les fonds nécessaires, dans le cas où il ne leur seroit pas possible, ni à eux ni à lui, de traiter avec des Bailleurs de fonds pour avancer ceux dont ils auroient besoin. Il se détermina à suivre cet avis, parce qu'il est plus facile de satisfaire à une imposition de vingt pistoles qu'à une de mille, & le Gouvernement a connu & approuvé cette opération, comme on le voit par l'Arrêt du Conseil du 7 Septembre 1751, ci-devant cité.

Motifs qui ont engagé le sieur Floquet à former une Compagnie nombreuse.

Cette opération est connue du Gouvernement.

Il y est exposé... » que c'est en 1742 que le sieur Floquet, » pour ne pas continuer de fournir seul aux dépenses considé- » rables qui devoient précéder l'exécution de son projet, a » commencé à former cette nouvelle Compagnie, actuellement » composée de plus de *quatre-vingt personnes* qui font avec lui » la Compagnie des Propriétaires du Canal.... Pour faire » ces associations, son droit & ledit privilége ont été divisés » en...... »

Ce fut donc d'après ce plan que l'Auteur du Canal dressa celui du 24 Mai 1742, il fut reçu & approuvé par les Co-associés qui le signerent. Ces Co-associés, ceux qu'il s'associa ensuite & lui, substituerent à ce plan d'arrangement, celui du mois de Juin 1743, qui fut imprimé, & dont le titre annonce l'objet (4).

Plans d'arrangemens de 1742 & 1743. Bases des arrangemens des Compagnies.

(4) Ce plan de 1743 est intitulé : *Convention portant cession & transport d'intérêts*

Précis des conditions sous lesquelles le sieur Floquet intéressoit ses Co-associés, servant de nouvelle preuve des torts de M. de Beaulieu, & de solide réponse à cette question : que sont devenus les fonds remis aux Cédans d'un intérêt au canal ?

Par tous ces détails on verra que la conduite du Consultant relativement à son entreprise, a eu pour base ses accords avec chacun de ses Associés en particulier, & avec tous en général (5), il n'a fait que ce qu'il étoit en droit de faire, & ce

---

dans le Canal de Provence. Il est signé par MM. les Marquis de Vence, de Bruée, de Rognes, d'Albert, d'Oppede & de Julhans, le Comte de Carné Marcin, Mesdames d'Amilton, de Villeneuve & de Simon ; MM. de Savornin, Seigneur de Saint-Jean, de la Duranse, le Comte d'Alleman, ancien Ingénieur du Roi, de Sain-Julien & Garavaque, Ingénieur du Roi ; Gerard, Brun, Duparc, Aiguillon & Fauvel, Architectes ; Regibaud, Bouche, Vincent, Garcin & Blaint, Avocats ; Veyrier, Procureur au Parlement d'Aix ; Cavasse, Ecuyer ; Boulet & Marin, Négocians ; Vallier, Flame, Roux, &c.

Ce plan de 1743 prouve l'injustice du refus de M. de Beaulieu.

Comme ce plan ou convention de 1743 doit être regardé comme la premiere & principale base de tous accords postérieurs relatifs à association au Canal ou acquisition ou ventes d'intérêts, tant ceux de l'ancienne Compagnie que ceux de l'actuelle, on doit observer que ces titres respectables contiennent la preuve sans réplique que le refus que fait M. de Beaulieu de continuer à payer la rente viagere dont il s'agit, est si injuste, qu'il autorise à dire de son Auteur que quand il a traité avec son Cédant, il avoit peut-être en vue de ne lui payer une rente viagere de 2700 livres, établie (âge moyen) sur trois têtes sexagénaires, qu'autant qu'il seroit assuré d'avoir acquis par-là une rente annuelle & perpétuelle d'environ 25000 livres sur un Domaine noble, exempt de toute imposition & charge en pays de Droit écrit, ce qui annonce un principal non de 500 mille livres, comme il seroit en pays de Droit coutumier, mais d'environ le double de cette somme, & par conséquent une usure trop odieuse pour croire que M. de Beaulieu ait voulu sérieusement la commettre. En effet, qui pourroit vouloir avec 30 mille livres, prétendre, sans courir aucun risque, environ un million de livres ?

On a joint à ce Mémoire l'extrait de divers endroits de cette convention de 1743, ainsi que celui d'autres délibérations & titres compris dans les Regiftres de la Compagnie, afin de faire voir non-seulement combien est injuste le refus que fait M. de Beaulieu, mais encore combien est déplacée la question que fait le Public : que sont devenus les fonds reçus pour prix des aliénations faites d'intérêts dans le Canal ? Comme le sieur Floquet, sans égard à ce qu'il n'a, non plus que ses Associés, aucun compte à rendre à cette occasion, est toujours prêt à rendre compte de sa conduite, on joindra aussi à ce Mémoire un extrait de ce qui est dit sur ces objets dans le rapport fait à l'assemblée du 3 Avril 1769.

L'art. 12, dont l'extrait est ci-contre, renferme cette preuve.

(5) » Les sommes que l'on aura payées & celles que l'on aura promis de payer » au sieur Floquet, en considération des intérêts qu'il a vendus, & de ceux qu'il

que ses Cessionnaires avoient, ainsi que lui, le droit de faire. Tous ceux avec lesquels il a pris des engagemens relatifs à son entreprise, sont parfaitement instruit, qu'en sa qualité d'Auteur du Canal & de Cessionnaire du Privilége du Roi pour

» vendra encore à l'avenir, *lui appartiendront en propre, & il pourra en disposer à sa volonté, sans être tenu de rendre aucun compte à qui que ce soit*, c'est-à-dire que les personnes qu'il intéressera dans son projet dans la suite, relativement à cette nouvelle convention, & celles qu'il y a intéressées en conséquence du plan du 24 Mai 1742, » ne pourront prétendre ni demander aucune indemnité ni remboursement des sommes qu'elles auront comptées, *ni refuser le payement de celles qu'elles auront promis de compter sous quelque prétexte que ce puisse être*, quoiqu'il arrive & dans aucun cas prévu ou non prévu, pas même dans celui où, pour quelque cause que ce fût, le sieur Floquet ne feroit point exécuter le Canal de Provence, attendu que dans tous ces cas, les Acquéreurs ou Propriétaires, *ses Cessionnaires veulent & entendent courir ce risque*, dont ils connoissent la nature, & en être pour les sommes qu'ils auront payées, ou promis de payer au sieur Floquet, sachant d'ailleurs que s'ils ne hasardoient rien, il ne leur seroit pas permis de prétendre les avantages qu'ils peuvent retirer de l'exécution de ce projet; que le sieur Floquet a lui-même couru les premiers risques & dépensé des sommes considérables, qui auroient aussi été perdues pour lui sans ressource, si son entreprise n'avoit été reconnue possible & avantageuse. Ainsi il seroit peu raisonnable, qu'aujourd'hui, que son projet est dans un plus grand jour, on voulut profiter gratuitement de ses travaux & des grandes avances qu'il a faites à cette occasion pendant plusieurs années: il ne fait même des conditions si avantageuses aux Acquéreurs ou Propriétaires du Canal, & ne sacrifie en leur faveur des profits considérables, que parce que les mêmes Propriétaires en visant à ces grands avantages, lui assurent non-seulement les sommes nécessaires pour subvenir aux dépenses préliminaires pour faciliter la construction du Canal & en hâter la réussite. . . . . mais encore l'avantage de trouver un honnête revenu dans le cas même où son projet ne seroit point exécuté. . . . .

» Par toutes les précédentes raisons, & parce que le sieur Floquet a pu & peut encore disposer à sa volonté de l'intérêt qu'il avoit & de celui qu'il a dans son projet, les personnes qui rapporteront une cession de sa part, & leurs ayans cause, pourront aussi faire l'usage qu'elles trouveront à propos de l'intérêt qu'elles auront acquis, sans être tenues de rendre aucun compte à ce sujet, ni obligées à aucune indemnité ni remboursement envers leurs Cessionaires ou acheteurs, quoiqu'il arrive . . . . (art. 12, plan de 1743). Au moyen de la faculté accordée par cet article aux Cessionnaires du Sr Floquet, M. de Beaulieu a disposé de l'intérêt qu'il avoit acquis, sans rendre aucun compte à ce sujet, comme on le verra dans la suite de ce Mémoire.

M. de Beaulieu s'est soumis à cet art. 12, & a usé lui-même du droit qui en résulte.

le faire construire, la totalité de l'intérêt lui avoit originairement appartenu; qu'il avoit pu en disposer à sa volonté; que le prix provenant des portions de cet intérêt, qu'il n'auroit pas jugé à propos de céder gratuitement, lui appartenoit, & que, de condition expresse, il n'avoit, ainsi que ses Cessionnaires gratuits & autres, aucun compte à rendre à cette occasion, ni aucun remboursement à faire. Ils sçavent que ses Cessionnaires ne pouvoient, sous quelque prétexte que ce pût être, refuser de lui payer les sommes dont ils étoient restés ses Débiteurs pour prix de l'intérêt par eux acquis, attendu que ces Cessionnaires vouloient & entendoient courir le risque de la réussite de son entreprise pour le prix de leur acquisition, & que ce prix n'étoit autre que celui du droit d'association pour un intérêt qu'ils restoient obligés de faire valoir, en fournissant, par eux, ou par d'autres, leur contingent des frais de construction, de ceux de régie pendant cette construction, & des payemens qui restoient à faire pour completer le prix d'achat du privilége. Ils sçavent encore que ces Cessionnaires étoient convenus, que ce seroit au moyen des cessions d'intérêts dans son entreprise, que l'Auteur du Canal (dans le cas même où, pour quelque cause que ce fût, elle n'auroit pas son exécution) seroit remboursé de toutes ses avances, & resteroit avec un revenu qui pût compenser celui dont il s'étoit privé en abandonnant sa profession (6) pour se livrer entierement

Conditions dictées par la prudence & l'équité, afin de n'être point exposé à la chicane des Acquéreurs sans bonne foi.

Observation sur l'entente & la droiture de l'Auteur du canal.

(6) L'architecture hydraulique, ou la conduite des eaux qu'il exerçoit avec distinction; il falloit même que ceux qu'il s'associoit sous cette condition, de ne pouvoir dans aucun temps ni dans aucun cas rien répéter contre lui, le reconnussent non-seulement pour un homme droit, mais encore pour homme intelligent en ces matieres; cela est si vrai, qu'après qu'il eut fait, sur le terrein, ses premieres opérations & reconnoissemens, soit seul, soit avec les personnes intelligentes qui opérerent avec lui depuis 1733 jusqu'en 1741 inclusivement, il eut pour Associés les personnes éclairées que l'on a nommées dans la quatrieme note, & qui dès-lors regarderent comme non avenues les difficultés que l'Ingénieur du Roi, commis par la Cour en 1724 pour la vérification des niveaux pour le même Canal, avoit cru rencontrer contre l'exécution de cette entreprise; difficultés que le sieur Floquet leva avec autant de facilité qu'il en auroit à lever celles qu'on pourroit lui opposer aujourd'hui.

Ses Associés n'ont eu aucun égard à l'avis d'un Ingénieur envoyé par la Cour, qui parut étonné des difficultés de l'ouvrage.

à son entreprise. Toutes ces conditions étoient dictées par la prudence & l'équité, afin que le Sr Floquet fût en tout temps exempt de reproche & qu'il ne fût jamais à la merci de ceux qui, manquant de bonne foi, ou ne jugeant des choses que par l'événement, font l'éloge de l'Auteur en cas d'heureux succès, & s'en plaignent en cas contraire. Le sieur Floquet n'a point abusé de cette faculté qu'il a dû nécessairement se réserver ; il a eu plus d'une fois occasion de démontrer, sur-tout dans les assemblées des premiere & seconde ou actuelle Compagnie des 18 Avril 1752, & 3 Avril 1769, que par un désintéressement peu commun, unique peut-être, il a, jusqu'à ce jour, été la dupe de sa confiance, non pas en la solidité de son entreprise, mais plutôt aux promesses sans effet de ceux qui l'ont trompé, ou qui l'ont sacrifié lui, & son entreprise, à leurs intérêts personnels (7).

1742. Premiere Compagnie du canal.

En l'année 1742 & les suivantes, l'Auteur du Canal forma la premiere Compagnie, conformément aux plans d'arrangemens ci-devant cités. Le nombre des Co-associés a été considérablement augmenté depuis cette époque jusqu'au 16 Avril 1749, date d'une assemblée générale dans laquelle, après avoir examiné le produit des associations & ventes d'intérêts qu'il avoit compensées, il fut délibéré de compenser ses dépenses avec le montant du produit des associations & ventes (8).

1749. Les dépenses du sieur Floquet, compensées avec ses cessions d'intérêts.

Preuves du rare désintéressement du sieur Floquet.

(7) On trouvera au nombre des piéces justificatives de ce Mémoire l'extrait du rapport fait par le Consultant à l'assemblée générale des Intéressés dans le Canal de Provence, en Avril 1769. Il contient des détails de son désintéressement.

Autres preuves qui se trouveront dans le Mémoire que l'intérêt de son entreprise & sa propre gloire exigera qu'il publie contre le sieur Daran.

On en trouvera encore des preuves dans le Mémoire que l'intérêt de son entreprise, celui de la saine partie de ses Co-associés, le sien & sa propre gloire, exigent qu'il publie au plutôt contre le sieur Daran, avec lequel il est en instance au Châtelet, relativement à l'exécution d'une Sentence qui prononce diverses condamnations contre lui au profit du Consultant. On ne pourra se dissimuler alors que c'est ce Particulier qui a fait au Canal des maux peut-être irréparables par la Compagnie actuelle.

(8) Si l'on veut se rappeller que jusqu'à cette époque le sieur Floquet avoit aliéné des

La premiere Compagnie plus nombreuse en 1752, ordonne une contribution de 160 livres sur chacune des 9600 actions qui représentoient son intérêt total.

Cette Compagnie plus nombreuse, encore en 1752, & assemblée le 18 Avril en l'Hôtel de M. le Maréchal Duc de Richelieu, délibera de fournir elle-même les fonds dont elle avoit besoin pour faire exécuter son entreprise. » Pour remplir cet objet, on » dit d'après ce qui avoit été reglé dans les comités, que la voie » d'une imposition ou taxe sur chacun des neuf mille six cens intérêts (ou actions) auxquels l'interêt total de la Compagnie a » été divisé, paroît la plus simple & la plus naturelle....... » On a déterminé que cette imposition ou taxe sur chacune » desdites neuf mille six cents portions d'intérêts devoit être de » 160 liv. en sorte que moyennant cette somme..... les Pro- » priétaires ou Intéressés n'auront d'ailleurs aucune autre dé- » pense à faire, & que toutes celles qu'ils auront faites, quand » le Canal aura été rendu à sa perfection, consisteront au paye- » ment de cette taxe & à celui dont ils auront convenu pour » acquérir le droit d'association «. (art. 4, part. 8, Délib. de 1752.)

Cette contribution & le prix convenu pour acquérir le droit d'association, étoient les seules dépenses que devoit faire chaque Intéressé.

Mémoire de la Compagnie actuelle, publié en Novembre 1764.

Sans entrer à cet égard, dans un plus long détail, on peut consulter le Mémoire donné par la Compagnie au mois de No-

---

En 1749 il avoit sacrifié gratuitement ou à vil prix à son projet & à sa Compagnie plus de la moitié de l'intérêt total, & 16 années de travail sans appointemens.

intérêts, soit gratuitement, soit à vil prix, (& très-peu à un prix raisonnable) au-dessus de la moitié de l'intérêt total; si l'on serappelle encore que cet Auteur du Canal avoit commencé en 1733 à donner ses soins & à faire de la dépense pour son entreprise, on verra qu'en 1749 il avoit sacrifié au profit de la premiere Compagnie, & pour l'avancement de son projet, seize années d'un travail non interrompu, & ce sans appointemens, & qu'il avoit cédé plus de la moitié de l'intérêt dont avoit été composé l'intérêt total de la Compagnie.

L'abandon que fit le sieur Floquet à MM. les Marquis de Vence & de Bruée, qui les premiers acquirent un intérêt dans son entreprise, étoit certainement à un prix bien modique, puisqu'il leur céda 2640 actions pour 15 mille livres, dont une partie du prix en principal d'une rente viagere que M. le Marquis de Vence lui fait; (2640 actions pour 15000 livres, c'est pour chaque action moins de 6 livres, prix très-bas, mais bien plus haut que celui d'un plus grand nombre encore cédées pour rien, &c.)

vembre 1764 ; on y trouve, (page 47) que n'ayant pas prévu les conséquences d'une partie de ses arrangemens, la Compagnie, après avoir fait commencer les travaux du Canal, fut obligée de les discontinuer faute de fonds ; comme elle reconnut qu'elle ne pouvoit les faire reprendre & continuer ensuite, elle transporta ses droits à une seconde ou nouvelle Compagnie (c'est l'actuelle dont l'intérêt total est représenté par 216 sols ou parts égales). Les conditions de ce transport sont consignées dans les actes passés entr'elles les 8 Août & 11 Décembre 1758, & rappellées en la page 52 & suiv. de ce Mémoire (9).

En 1758, l'ancienne Compagnie transporte ses droits à l'actuelle.

Suivant ce même Mémoire (page 51) quelques tems après la passation des actes des 8 Août & 11 Décembre 1758, l'Auteur du Canal & autres Co-associés dans la Compagnie actuelle reconnurent que le sieur Daran leur en avoit imposé, à cette date de 1758, en leur présentant, sous le voile du mystere, un dépôt de cent mille écus en effets qui existent encore, mais dont il n'a jamais été possible de réaliser quelque partie que ce soit (10). On ne rappelle ici cette surprise faite au Public, à l'Auteur du Canal & aux deux Compagnies, que parce qu'on ne peut ignorer que la premiere, pour rentrer plus facilement dans ses droits, tire avantage de cette répréhensible manœu-

Le sieur Daran en impose dans cette circonstance à l'Auteur du canal & à la Compagnie.

On ne rappelle ici cette surprise que pour prévenir la Compagnie actuelle que l'ancienne en tire avantage, en demandant à rentrer dans ses droits.

---

(9) D'après la teneur des actes de 1758, l'ancienne Compagnie est aujourd'hui simple créanciere de l'actuelle ; mais faute par celle-ci de remplir les engagemens qu'elle a contractés envers celle-là, l'ancienne peut la faire déchoir des droits à elle cédés ; droits que son impuissance à les faire valoir rend inutiles entre ses mains. C'est donc à elle à prendre de justes mesures pour prévenir une déchéance qui ne lui feroit ni honneur ni profit. Il lui importe de prendre d'autant plutôt ces mesures, qu'elle n'ignore point que le dessein de la premiere est de demander la résiliation des actes passés entr'elles en 1758, l'Auteur du Canal l'en ayant lui-même prévenue plusieurs fois.

L'ancienne Compagnie est seulement créanciere de l'actuelle.

L'Auteur du canal a plusieurs fois prévenu l'actuelle des motifs qui autorisent l'ancienne à demander à rentrer dans ses droits.

(10) ...... Comme l'Auteur du Canal apprit en 1760 que le sieur Daran lui faisoit le tort de dire qu'il l'avoit informé dans le temps de ce qu'il avoit projetté de faire, le sieur Floquet crut devoir se plaindre hautement. Le sieur Da-

Le sieur Floquet apprend en 1760 que le sieur Daran disoit l'avoir prévenu de sa manœuvre.

vre, quoiqu'elle soit faite à l'insçu de l'Auteur du Canal & de la saine partie des Intéressés, qui devroient n'être pas la victime de qui leur en a imposé ; elle semble donner à la premiere Compagnie le droit de demander que la seconde remplisse les engagemens qu'elle a contractés, ou qu'elle renonce de gré ou de force à ceux qui lui ont été transportés.

Autres promesses sans effet de procurer des fonds pour le canal.

Pour suppléer à ce dépôt de 300000 liv. devenu illusoire par la maniere dont il a été fait ; le sieur Daran annonça successivement divers Bailleurs de fonds, qui ne mirent pas plus la Compagnie des Intéressés à portée de remplir les engagemens qu'elle avoit contractés en 1758.

Compagnie Angloise.

Dans le mois de Septembre 1766, lorsque le sieur Floquet s'occupoit des moyens d'assurer, autant qu'il étoit en son pouvoir, le succès d'une souscription, que le discrédit non mérité de son entreprise lui faisoit regarder comme une ressource pour opérer la reprise des travaux, le sieur Daran, sous le nom de *Touest*, & par l'entremise des sieurs Patiot & de Bonnel Duvalguier,

---

Le sieur Daran forcé de convenir que c'étoit à tort écrit au sieur Floquet, qui voulut bien se contenter de ce désaveu.

ran lui écrivit à ce sujet le 11 Mars même année 1760. . . . . » Vous me saurez » gré, Monsieur (ce sont les termes de cette Lettre du sieur Daran) quand je » vous informerai de bien des choses que je ne puis dire encore, ainsi que les rai- » sons qui m'ont fait engager M. Cachulet & le Notaire *à vous taire le nom du* » *déposant* des 300000 livres, & mes accords avec lui par mes soins continuels : » vous avez la satisfaction de voir aujourd'hui qu'au moyen de ce dépôt, (tel qu'il » est, & *du mystere que je vous en ai fait*) vous êtes parvenu à former une Com- » pagnie solide, qui par la vente de 54 sols qu'elle doit vendre, réalisera bien au-delà » les effets déposés ; ce que (vu le discrédit où étoit alors le canal) vous n'eussiez » jamais fait, *sans le mystere que vous me reprochez*, & qui tous les jours renou- » velle les plaintes que m'en fait M. Cachulet. Je vous dirai en temps & lieu toutes » les raisons qui m'y ont obligé & les moyens dont je me suis servi pour vous » procurer l'élite de vos nouveaux Associés, & la voie sûre que je vous ai ouverte » pour avoir de la Cour les graces dont vous avez besoin. J'ai l'honneur d'être, &c. » *Signé*, DARAN ». (On n'a pas oublié qu'il s'agit d'un dépôt devenu fictif de 300000 livres, que l'on annonçoit comme réel au sieur Floquet & à sa Compagnie).

Il s'agissoit d'un dépôt de 100 mille écus que l'on annonçoit pour ce qu'il n'étoit pas.

guier, qui agissoient de concert avec lui, comme on le verra dans le Mémoire qui paroîtra incessamment, présenta une Compagnie Angloise, qui devoit faire reprendre & continuer les travaux du Canal.

Elle est représentée par Agliani, aventurier.

Un avanturier nommé Agliani fut l'homme qui s'annonça comme représentant cette Compagnie ; il se disoit chargé de pouvoirs afin de faire des offres aux Intéressés dans le Canal.

Offres de la Compagnie angloise, reçues en Sept. 1766.

Les manœuvres de ses Auteurs ne furent reconnues que le 13 Mai 1767.

Ces offres, *signées Agliani, au nom de la Compagnie Angloise*, furent reçues le 24 Septembre 1766 ; tout le charlatanisme qu'elles renferment ne fut reconnu que le 13 Mai 1767, lorsque le sieur Agliani communiqua les actes des 29 Août & 23 Décembre 1766, passés à Londres par la singuliere Compagnie Angloise ; l'acceptation fut faite simplement, comme on l'avoit exigé de la part du sieur *Touest* ; mais comme, par l'article neuf des offres, cette Compagnie étrangere vouloit faire un don de 240000 liv. à l'Auteur du Canal, celui-ci déclara ne pouvoir, ne devoir, ni vouloir l'accepter, nonobstant les représentations qui lui furent faites de la part de ceux des Associés initiés dans ce mystere pour le sieur *Touest* (Daran), cet Anglois d'importance ami & chargé, disoit-on, des pouvoirs du sieur Daran (11).

L'Auteur du canal refuse le don de 240000 livres, que cette Compagnie angloise vouloit lui faire.

M. de Beaulieu a eu connoissance de ce refus, & en a blâmé le sieur Floquet depuis qu'il l'a connu.

M. de Beaulieu ayant eu connoissance du refus du Sr Floquet, fut fâché de ce refus. Il dit que le Sr Floquet auroit dû accepter ce don, sauf à l'employer à l'acquisition d'une maison, pour y établir le Bureau général du Canal à perpétuité, & ce fut en conséquence qu'il proposa celle dont il est Propriétaire rue de l'Université.

(11) Le refus fait par le sieur Floquet du don de 240000 livres, a été constaté sur sa propre requisition, par une délibération de la Compagnie dans l'assemblée qui fut tenue le premier Décembre 1766. On trouvera dans le Mémoire du sieur Floquet contre le sieur Daran des détails intéressans & singuliers sur cette prétendue Compagnie angloise.

(On verra par la suite de ce Mémoire que cette proposition a eu le succès que désiroit M. de Beaulieu).

La Compagnie angloise offre d'avancer en ouvrages 4800000 liv.

Une des conditions énoncées dans les offres faites à la Compagnie du Canal de Provence étoit, que les quatre millions huit cent mille livres, que devoit avancer (en ouvrages) la Compagnie angloise, & les intérêts de cette somme ne devoient être payés que du produit du Canal, & que, jusqu'à l'entier payement, ce Canal, son revenu & le privilége seroient hypothequés pour sûreté desdits payemens.

Elle propose encore d'acquérir un intérêt de 40 sols, à 10000 liv. le sol.

Par l'article 8, la Compagnie Françoise devoit accorder les mêmes avantages & prérogatives qu'elle avoit accordés en 1763, au soi-disant chargé des pouvoirs de la prétendue Compagnie allemande, c'est-à-dire, qu'elle vendroit aussi, à raison de 10000 liv. le sol, un intérêt de 40 sols; qu'elle en céderoit gratuitement un de 16 sols; qu'elle feroit aux inconnus que les sieurs Daran & Agliani nommeroient, 24000 livres de rente viagère, &c.

Elle demande la cession gratuite de 16 sols, & promet entr'autres choses 24 mille liv. de rente viagere, assignée au gré des sieurs Daran & Agliani.

Troisiéme Compagnie du canal, composée de la Françoise & de l'Angloise.

Les Intéressés dans les deux Compagnies (françoise & angloise) passerent un acte de Société le 28 Janvier 1767, qui forma celle qui fut appellé troisieme Compagnie du Canal de Provence.

Emploi des 400000 liv. provenant du prix des 40 sols.

Assemblées des 30 Janvier & 2 Février 1767, au sujet de cet emploi.

Cette troisieme Compagnie assemblée le 30 du même mois de Janvier 1767, & le 2 de Février suivant, délibéra d'employer, ainsi que s'ensuit, les 400000 liv. dues alors par la Compagnie angloise, pour prix des 40 sols d'intérêts à elle vendus à raison de 10000 liv. le sol.

De ces 400000 liv. dues alors par la Compagnie angloise & dans la suite par celle du sieur de Boullemen, la troisieme Compagnie composée, comme on l'a dit, de la françoise & de l'angloise, en destina,

SÇAVOIR:

Pour acquitter d'autant le Canal à compte des sommes qui sont encore dues aux Entrepreneurs généraux des ouvrages faits. . . . . 96000 liv.

Pour acquitter d'autant diverses dettes passives qui ne sçauroient être trop tôt payées. . . 40000

Pour le premier payement de ceux qui restent à faire pour completer le prix de l'achat du privilége du Canal. 15000

Pour faire à M. le Maréchal Duc de Richelieu le premier payement des trois de 50000 liv. chacun, que la Compagnie doit pour prix de la haute-Justice de ce Canal 50000

Pour examiner & vérifier les dimensions & pentes des parties faites & commencées du Canal dans les premiers trois mille trois à quatre cens toises de son cours, pour faire dans cette longueur (afin de connoître d'avance les dépenses d'eau de ce Canal) les expériences en grand, d'après lesquelles on déterminera les dimensions & les pentes du reste de son cours jusqu'à ses embouchures dans la Mer & dans le Rhône, en traçant alors par un nivellement définitif la route précise que ce Canal doit suivre, celle qui a été reconnue jusqu'à ce jour, & qui fait l'objet des devis estimatifs imprimé & manuscrit, ainsi que des certificats de possibilité d'exécution de cette entreprise, dont il a été parlé, n'ayant été véri-

201000

De l'autre part. . . . . 201000 liv.

fiée, reconnue, défignée & évaluée, que pour pouvoir dire, fans craindre d'errer, voilà au pis aller une route que l'on feroit fuivre au Canal, fi par le nivellement définitif on n'en trouvoit pas une qui dut lui être préférée. L'affemblée, eft-il dit dans la délibration, fe rappellera les puiffans motifs qui ont fait remettre ce nivellement & ces expériences, jufqu'à ce que le Canal ait été conduit jufqu'au-delà du grand torrent de Joncques, près de Peyrolles, en prenant communication de ce que la feconde Compagnie (l'actuelle) a écrit à ce fujet dans fon imprimé de Novembre 1764, la page 29 & fuivantes jufqu'à la page 37 inclufivement (12) 12000

Pour appointemens, gratifications, frais de députations & de Bureau pour l'année 1767, y compris les meubles frais & établiffement de Bureau par eftimation. 78000

» La troifieme Compagnie (eft-il encore dit) » & conféquemment chacune des deux dont elle » eft compofée devant convenir que M. Daran » mérite de leur part des preuves efficaces de la » reconnoiffance qu'elles lui doivent, pour avoir » procuré à la Compagnie françoife l'argent dont » elle manquoit, & à la Compagnie angloife les » grands avantages qu'elle trouve en le fourniffant, » il eft unanimement délibéré que fur ces 400000

291000

(12) On a joint à ce Mémoire l'extrait de cet endroit de l'Imprimé de 1764.

Ci-contre. . . . . . 291000 liv.

» liv. il en sera pris 60000 liv. pour être remise » à M. Floquet en l'acquit de M. Daran, en dé» duction de plus grande somme qu'il lui doit, & » en considération & pour les mêmes motifs pour » lesquels la Compagnie françoise s'étoit obligée » à un pareil payement, suivant la convention » faite triple du 28 Mars 1763, qui vient d'être » mise sur le Bureau, ci 60000

Pour les mêmes motifs de reconnoissance, & *toujours en comptant sur la solidité de la Compagnie angloise*, l'assemblée délibere d'ailleurs de prêter au sieur Daran 20000

Et de lui payer encore sur les mêmes 400000 livres. 24000

Sommes qui, jointes aux précédentes & à celle de 5000 liv. qui devoit rester dans la caisse de la troisieme Compagnie, composoient ladite somme totale de 400000 liv. 5000

Somme pareille 400000

On aura ci-après occasion de rappeller des Délibérations de la troisieme compagnie des mois de Février, Mars & Avril 1767, les endroits qui ont de la connexité avec l'acquisition d'intérêts au Canal par M. de Beaulieu.

En Avril 1767, Agliani doute de la solidité de la Compagnie Angloise. Il prétend qu'il en existe une plus riche en France.

Au mois d'Avril 1767, Agliani commença à pressentir les Intéressés sur le peu de solidité de sa prétendue Compagnie angloise, & il leur annonça en même-tems qu'il avoit à Paris des Bailleurs de fonds plus riches encore que ceux de Londres. Le sieur Nesme étoit un de ces Bailleurs de fonds; on a sçu depuis

Il entendoit parler du Sr Nesme.

Projet d'une banque de 6 millions.

Le sieur de Boullemen, prête-nom du Sr Nesme.

Offres du sieur de Boullemen & Compagnie.

Condition de ces offres.

mais trop tard, que le projet des sieurs Agliani & Nesme étoit de tenter de faire réussir le Canal au moyen d'une banque projettée de six millions, & de faire réussir cette banque au moyen du Canal ; on a sçu aussi que le sieur de Boullemen n'étoit que le Prête-nom du sieur Nesme, que le sieur Floquet ne connut & ne vit pour la premiere fois que le 21 Mai 1767.

Le 6 du même mois de Mai, Agliani présenta à la troisieme Compagnie assemblée le sieur de Boullemen, qui l'avoit, disoit-il, présenté lui-même à MM. de Boulogne, Dangé, Richard, Deselle & autres personnes de considération & de crédit. Tout ceci se passoit de concert avec le sieur Daran. Agliani & lui disoient que le sieur de Boullemen étoit très en état de suppléer à ce que lui (Agliani) pourroit ne pas faire, & même à ce que tout autre Membre de la Compagnie angloise refuseroit de faire, mais qu'il falloit pour cela accepter les conditions portées par la soumission ou offre du sieur de Boullemen, datée du même jour 6 Mai 1767, par laquelle il s'engageoit à fournir, par lui ou ses amis tous les fonds nécessaires pour remplir la portion d'intérêts qu'Agliani avoit & pourroit avoir dans le Canal.

Par sa soumission, le sieur de Boullemen s'obligeoit entr'autres choses à avoir un fond de deux cens mille livres dans la maison de Commerce, sous le nom d'Agliani Saint-Vincent & Compagnie, dirigé par le sieur Agliani à Paris, pour favoriser les opérations relatives au Canal ; & de plus une pareille somme à Marseille entre les mains de la Maison de Commerce qu'il alloit y établir pour diriger & y recevoir les effets des trois établissemens qu'il avoit dans les isles de saint Domingue, la Martinique & la Guadaloupe, &c.

En considération de ses engagemens qu'il promettoit de remplir & dont on ne rapporte qu'une partie, le sieur de Boullemen exigeoit que, pour sûreté des fonds & avances qu'il feroit, il lui fût laissé en dépôt au moins cent titres d'un sol y compris cinquante-six appartenans à la Compagnie angloise, & qu'il lui fût permis de les déposer à M. Richard, Receveur Général des Finances, ou à tout autre jusqu'à l'entier rembourbourfement de ses avances;

Que la Direction générale du Canal lui expédieroit la commission, irrévocable dans sa personne, de Trésorier & Receveur Général du Canal à Paris, & les commissions de Trésorier, Syndic, tant à Lyon, Aix & Marseille en faveur des personnes qu'il désigneroit, &c. (13):

Qui lui seroit alloué trois quarts pour cent par mois de ses avances, &c. &c. &c.

On n'en dira pas davantage sur les faits généraux qui concernent le Canal de Provence, parce que la suite de ces faits est absolument indifférente pour la décision des questions sur lesquelles le Consultant demande avis.

Il faut ajouter néanmoins pour l'intelligence des faits qui regardent spécialement M. de Beaulieu, un détail des suites qu'ont eues les opérations de la Compagnie du Canal en 1764 & 1765, abstraction faite de la Compagnie angloise & des objets qui la concernent.

1764. Requête au Roi.

En l'année 1764, le Sr Floquet étant forcé de reconnoître toujours plus que jamais que le manque d'argent étoit la seule cause de l'inexécution de son entreprise, se joignit à onze autres Co-

(13) Il en fut remis deux d'Agent, aux appointemens de 1200 livres (nom de l'Employé en blanc) à Agliani. Le sieur Floquet, & ceux des Co-associés qui n'étoient point initiés dans les mysteres des sieurs Daran, Agliani & de Boullemen, & qui regardoient ces deux derniers comme les colonnes de la banque de 6 millions, dont on vient de parler, ne sçurent qu'environ cinq mois après, qu'elles avoient été remplies, l'une au nom d'un sieur Barthelet, Apothicaire d'Avignon, dont Agliani étoit le débiteur; l'autre au nom d'un sieur Manfridini, qui abandonna un emploi qu'il avoit pour accepter celui que lui présentoit Agliani.

associés qui, pensant alors comme lui sur cet intéressant objet, convinrent de présenter conjointement une Requête au Roi.

Objet de cette Requête. Contribution de 2700 livres. Emploi du produit.

Cette requête avoit pour but d'obtenir l'homologation des délibérations des 4, 9 & 16 Avril 1764, qui ordonnoit une contribution de 2700 liv. par sol d'intérêts, & qui étoit destinée à faire un fonds d'environ 400000 liv. à l'effet, 1°. de remplir les engagemens de la Compagnie actuelle envers l'ancienne; 2°. de faire le premier payement de 50000 l. pour l'acquisition de la haute-Justice du Canal; 3°. de rembourser à divers associés leurs avances relativement aux dépenses de la Compagnie; 4°. de porter le Canal à Peyrolles, faire les expériences en grand sur la dépense d'eau & le nivellement définitif mentionnés dans les délibérations de la Compagnie, & en la page 29 & suivantes de son Mémoire imprimé en Novembre 1764.

Trois sortes d'opposans aux fins de la Requête.

Il y eut à cette requête trois sortes d'opposans.

Nature de leurs oppositions : elles sont mal fondées.

L'une, d'une personne qui n'étant intéressée que dans la premiere Compagnie, agissoit contre son propre intérêt, en voulant arrêter l'homologation demandée.

La seconde, de deux Particuliers qui, sous des promesses sans effet, avoient eu le secret d'obtenir gratuitement un intérêt dans la Compagnie actuelle, & qui, non contens d'avoir eu pour rien, un droit d'association au Canal, auroient souhaité que la Compagnie payât encore pour eux la contribution de 2700 liv.

La troisieme, du sieur Daran qui, craignant que les opérations projettées ne jettassent un trop grand jour sur les siennes personnelles, avoit intérêt que la contribution n'eût pas lieu.

Contribution de 2700 liv. comment payée.

Cette contribution ne pouvoit être payée & déposée au Caissier du Canal qu'en argent comptant, ou en reprise sur la Compagnie des sommes qui doivent être payées sur les premiers fonds entrant en Caisse, en conséquence des actes passés entre l'ancienne Compagnie & l'actuelle. Les douze Associés dénommés dans la requête présentée au Roi furent les seuls qui remplirent

plirent pour cinquante-un fols à eux appartenant, le vœu de la délibération qui ordonne l'impofition de 2700 liv. Deux autres Affociés, que l'on peut regarder comme n'ayant plus d'intérêt au Canal, ne fatisfirent point à cette contribution, quoique, les 17 & 25 du même mois d'Avril 1764, ils euffent adhéré à la délibération qui l'ordonne.

Créance privilégiée des Entrepreneurs des ouvrages faits du canal, prife pour bafe d'un nouvel arrangement.

Les mêmes douze Coaffociés affemblés le 8 Mai 1765, (après avoir reconnu qu'il n'y avoit nulle apparence que la contribution eût lieu, puifque dans l'efpace d'environ une année, qui s'étoit écoulée depuis qu'elle avoit été ordonnée, aucun des Affociés défaillans s'étoit mis en devoir de fournir fon contingent) furent forcés de convenir, que, dès qu'ils ne pouvoient plus compter fur les fecours des autres intéreffés, le bien de l'Etat & du Commerce en général, celui de la Provence & des deux Compagnies en particulier, exigeoient qu'ils fiffent tout ce qui feroit en leur pouvoir pour concourir à la reprife des travaux du Canal. Ils fe flattoient même, (vu la folidité des raifons alléguées dans leur Requête, le petit nombre d'oppofans & enfin le Juftice de leur caufe & la droiture de leur intention) que Sa Majefté voudroit bien prononcer l'homologation de ces délibérations, &, par une fuite néceffaire, l'exclufion totale de ceux qui n'auroient pas fatisfait à la contribution de 2700 livres en les autorifant, pour le bien de l'entreprife, à paffer, fous les yeux du Confeil, le nouvel acte de fociété qu'ils demandoient, aux claufes & conditions portées dans leur Requête; mais ils jugeoient néceffaire de prendre pour bafe de leur nouvel acte de fociété, les quarante kirats ou portions égales d'intérêts qu'ils appelloient quarantiemes, & qui repréfentoient, comme ils le repréfentent encore, la totalité de la propriété de la créance privilégiée des Entrepreneurs généraux des ouvrages faits du Canal. Cette créance;

Cette créance divifée en 40 portions égales, appellées quarantiemes.

dont une partie a été depuis transportée à d'autres Intéressés, appartenoit alors entierement aux douze nommés dans la Requête, en sorte que l'on pourroit dire que c'étoit le sieur Floquet & une partie des autres onze Co-associés qui, en acquérant les droits & créances des Entrepreneurs en 1760, avoient sauvé aux deux Compagnies le Canal & le privilége, dont les Entrepreneurs poursuivoient le decret.

Par l'acquisition de cette créance, le sieur Floquet, & quelques autres, ont sauvé le canal.

Assemblée du 8 Mai 1765.

Ce fut d'après ces observations & autres, qu'il seroit trop long de rapporter, que l'assemblée du 8 Mai 1765, arrêta & délibéra, que, quelqu'événement que pût avoir la contribution ordonnée, le nouvel acte de société auroit pour fondement les quarante kirats ou portions égales d'intérêts, qui seroient appellées quarantiemes provenans de la créance qu'ils avoient acquise des Entrepreneurs généraux des ouvrages faits du Canal; qu'en conséquence, dans ledit acte, l'intérêt total de la Compagnie du Canal seroit divisé comme ils le divisoient dès-lors en deux cens quarante sols ou parts égales d'intérêts, à raison de six sols par chaque quarantieme; que des deux cens quarante sols qui représentoient l'intérêt de la co-propriété du Canal, circonstances & dependances, il en seroit réservé cent vingt pour les Co-propriétaires des quarantiemes, à raison de trois sols pour chaque quarantieme, & les cent vingt autres seroient destinés, 1°. pour le remplacement des sols d'intérêts pour lesquels les Co-associés défaillans se détermineroient à payer la contribution ordonnée; 2°. à remplacer les douze sols d'intérêts des Croupiers & Cessionnaires de l'Auteur du Canal, compris dans les vingt sols pour lesquels il avoit contribué, suivant l'acte du 24 Mai 1764, joint à la requête presentée au Roi, parce que ces Cessionnaires n'avoient aucun intérêt dans les quarantiemes; 3°. à être employés pour le bien & utilité de l'entreprise; 4°. à être vendus, s'il étoit jugé nécessaire,

Chaque quarantieme devoit équivaloir à 6 sols dans les 240, division de l'intérêt total du canal.

De ces 240 sols, 120 appartenoient aux Propriétaires des 40 quarantiemes.

&, supposé qu'ils ne fussent pas tous employés, comme il vient d'être dit, le surplus devoit tourner à l'avantage général de tous les Co-propriétaires des deux cens quarante sols, intérêt total, au prorata de l'intérêt particulier d'un chacun; enfin, pour remplir dans ce nouvel acte de société, le véritable intérêt de ceux des Co-associés défaillans qui se détermineroient à payer la contribution ordonnée, ainsi que des Cessionnaires de l'Auteur du Canal pour les douze sols les concernant, il étoit arrêté qu'il leur feroit fait raison d'un neuvieme en sus par chaque sol d'intérêt, pour lesquels ils auroient contribué, attendu que, dans le nouvel acte de société à passer, l'intérêt total de la Compagnie devoit être, comme on l'a dit, divisé en deux cens quarante sols, tandis qu'il n'avoit été divisé qu'en deux cens seize dans l'acte de société du 2 Avril 1763.

Il résulte des faits ci-dessus, que la créance acquittée des Entrepreneurs généraux des ouvrages faits du Canal en 1760, & ensuite en 1765, étoit divisée en quarante kirats, ou parties égales appellées quarantiemes; & qu'un quarantieme équivaloit à un intérêt de trois sols; plus, (indépendamment de ces trois sols) à un droit dans les cent vingt, mis en réserve pour les objets ci-dessus.

Donc suivant ce plan, chaque Propriétaire d'un quarantieme devoit avoir 3 sols. Plus un droit dans les 120 mis en réserve.

FAITS qui justifient de la légitimité de la demande actuelle.

Les choses étoient en cet état lorsque l'Auteur du Canal connut M. de Beaulieu. Cette connoissance lui fut procurée par M. le Comte de Voisenon, qui est son gendre, & qui avoit acquis du sieur Cachulet un intérêt au Canal. Le sieur Floquet avoit vendu à M. de Voisenon un quarantieme dans la créance des Entrepreneurs, moyennant 2300 liv. tandis qu'il valoit alors 3000 liv. & qu'il vaut ajourd'hui mieux que 3400 liv.

Comment l'Auteur du canal connut M. de Beaulieu.

D'après la délibération du 8 Mai 1765, ce quarantieme équivaloit à trois sols dans deux cens quarante, ce qui fit ajouter au prix convenu une obligation de 10000 liv. payable à longs termes.

En cas d'heureux succès du Canal & d'exécution de la délibération du 8 Mai 1765, M. de Voisenon devenoit propriétaire d'un effet qui lui promettoit environ 25000 liv. de rente perpétuelle, sur un Domaine noble en Pays de Droit Ecrit.

Le sieur Daran, sous le nom de *Touest*, fait annoncer la compagnie Angloise.

Dans ces entrefaites, le sieur Daran caché, comme on l'a dit, sous le nom de *Touest*, fit annoncer la Compagnie Angloise dont on a parlé, qui rompoit les mesures prescrites par la délibération du 8 Mai 1765, par la raison sans replique, que l'on devoit préférer à une compagnie projettée & à former, une Compagnie que l'on croyoit très-riche & toute formée.

Cette compagnie préjudicioit à M. le comte de Voisenon, l'un des Associés : il crut, à cette occasion, devoir prendre l'avis de M. de Beaulieu.

Cette Compagnie angloise cependant préjudicioit à M. le Comte de Voisenon, en ce qu'elle faisoit une diminution considérable à sa propriété, sans en faire aucune aux engagemens qui lui restoient encore à remplir; mais comme il regardoit, ainsi que les autres intéressés, la formation de la Compagnie angloise comme un événement très-heureux pour la françoise, & qu'en même-tems qu'il auroit desiré son avantage particulier, il n'auroit pas voulu préjudicier au bien général, il crut ne devoir prendre définitivement aucun parti, sans consulter M. de Beaulieu, son beau pere; il engagea le sieur Floquet à le voir avec lui, & d'après le compte qui fut rendu à M. de Beaulieu de l'état des choses, il fût aisé de s'appercevoir qu'il auroit voulu pouvoir contenter le Cessionnaire & le Cédant.

Il engage le sieur Floquet à le voir.

Résultat de cette conférence.

Le sieur Floquet, pour le tirer d'embarras, prit sur le champ les actes portant obligation à son profit des 10000 liv. mentionnés ci-dessus, & les jetta dans le feu. C'étoit en Décembre 1766.

M. de Beaulieu, témoin de cette façon de terminer un différent de mille pistoles, commença dès l'instant même à demander de plus grands éclaircissemens sur l'affaire du Canal de Provence qu'il connoissoit en général; il dit avoir déja entendu parler de la Compagnie angloise, dont les Auteurs, (les sieurs Daran & Agliani) avoient voulu louer sa maison rue de l'Université (14).

M. de Beaulieu demande à acquérir un intérêt au canal.

Dès cette premiere visite, M. de Beaulieu dit au sieur Floquet, qu'il vouloit prendre intérêt au Canal & il l'engagea à vouloir bien le revoir au plutôt.

A la seconde entrevue, M. de Beaulieu demanda à acquérir un intérêt d'un sol, il proposa au sieur Floquet de lui abandonner pour comptant un intérêt dans l'entreprise du tirage des bateaux par des bœufs, dans laquelle il étoit intéressé. Comme le sieur Floquet fut conseillé de ne pas faire un tel marché, quoique M. de Beaulieu lui eût vanté la solidité de cet affaire; quelques jours après, ayant refusé les premieres offres, on lui en fit de nouvelles, & il céda aux sollicitations de M. de Beaulieu. Le Consultant accepta, à une troisieme entrevue, l'offre qu'il lui fit de lui remettre en payement de l'intérêt d'un sol qu'il lui demandoit, ce qu'il avoit encore d'effets dans un Cabinet d'histoire naturelle, & environ cent volumes que le Sr Floquet reclame. Ces cent volumes doivent être encore dans la maison de M. de Beaulieu, rue d'Enfer (on a produit au Conseil la copie de la cession des effets de ce cabinet, & celle du titre sur lequel le sieur Floquet fonde sa reclamation desdits cent volumes).

M. de Beaulieu veut engager le sieur Floquet à prendre un intérêt dans l'entreprise du tirage des bateaux par des bœufs, dans laquelle il étoit intéressé lui-même. Le sieur Floquet ne veut point entrer dans cette affaire.

Cession des effets que le sieur Floquet accepta après avoir refusé ceux qu'il lui avoit premierement offert.

M. de Beaulieu ajouta une autre condition au marché, ce fut de vendre au sieur Floquet sa maison rue de l'Université,

M. de Beaulieu propose de vendre sa maison, & de n'en être payé que sur le don que la compagnie angloise avoit voulu faire au Sr Floquet.

(14) C'étoit sans doute d'après cette idée de location, que M. de Beaulieu projetta par la suite de faire la vente de sa maison, comme on l'a dit ci-devant.

proposant à cet effet de n'en être payé que sur les 240000 liv. refusées de la Compagnie angloise par le sieur Floquet, & que celui-ci n'a acceptées, comme on l'a vu plus haut, que pour entrer dans les vues de M. de Beaulieu & pour le bien général de toute la Compagnie.

18 Décembre 1766. Deux actes, l'un pour l'intérêt d'un sol, l'autre pour l'acquisition de la maison.

De ces conventions dérivent les deux actes du 18 Décembre 1766, l'un pour l'intérêt d'un sol, & l'autre pour l'acquisition de ladite maison. Ces actes sont produits au Conseil pour piéces justificatives.

* Fait qui donna lieu à la seconde acquisition d'intérêt que M. de Beaulieu demanda à faire. Elle fut de 3 sols.

Ces deux Traités du 18 Décembre 1766 faits, il n'étoit plus question d'aucun autre, lorsque M. le Comte de Voisenon écrivit au sieur Floquet dans les derniers jours de Février 1767, pour le prier à dîner chez lui; M. de Beaulieu étoit du nombre des conviés. Un de ceux-ci, (c'étoit M. l'Abbé Laugier) homme d'esprit & connu pour tel, parla du Canal de Provence, fit des observations, décida presque, &, comme il est plus aisé de proposer des difficultés que de les résoudre, tout le monde n'attendoit que la fin de sa dissertation pour applaudir; mais l'Auteur de cette entreprise, moins éloquent & plus versé en ces matieres, crut devoir défendre son ouvrage, il applaudit aux observations qui lui avoient paru judicieuses, & à l'égard des autres il en fit voir le foible; ce qu'il avança parut, apparemment, solide à M. de Beaulieu, puisque celui-ci ne put s'empêcher de dire, avec la satisfaction la plus marquée, que, dans peu, il auroit encore dans le Canal un intérêt de quatre sols; &, comme il dit au sieur Floquet, qu'il lui nommeroit la personne qui devoit le lui vendre, (c'étoit M. de la Condamine, Membre de l'Académie Royale des Sciences) le sieur Floquet se crut obligé de le prévenir, qu'une partie de l'intérêt total devoit nécessairement être soumise à un retranchement de la moitié ou d'un tiers, pour les motifs dont il lui feroit part.

Cet éclairciſſement parut embarraſſer M. de Beaulieu; mais comme il vouloit toujours acquérir un nouvel intérêt au Canal, il propoſa à l'Auteur de cette entrepriſe de vouloir bien lui en vendre un, exempt du retranchement dont il lui avoit parlé. Cette propoſition ne fut acceptée que quelques jours après; le marché fut conclu le premier Mars 1767, pour un intérêt de trois ſols ſeulement, ainſi qu'on le voit par l'acte du même jour paſſé entre le Cédant & le Ceſſionnaire, & dont copie eſt au bas de celle de l'acte de ceſſion d'un ſol du 18 Décembre précédent, produit au Conſeil.

L'acte de ceſſion de ce ſecond intérêt eſt du premier Mars 1767.

Après que cet acte du 1er. Mars 1767, portant ceſſion dudit intérêt de 3 ſols, & renfermant la clauſe que le Cédant avoit reçu le prix des droits qu'il avoit aliénés, eut été ſigné, le Ceſſionnaire s'acquitta envers ſon Cédant, en lui remettant ſon obligation de la ſomme convenue, qui étoit celle de 30000 livres. (Voilà donc l'opération conſommée, la tradition du prix a ſuivi la vente, &, de ce moment M. de Beaulieu eſt devenu débiteur envers le ſieur Floquet de la ſomme de 30000 liv.). Trois ou quatre jours après, ils convinrent amiablement de laiſſer cette ſomme à l'Acquéreur, à la charge par lui de payer 2700 livres de rentes annuelles & viageres, ſçavoir; 1200 livres ſur la tête du Conſultant, ſeptuagénaire, pareille ſomme à la dame ſon épouſe, & 300 livres ſur la tête de la demoiſelle le Roy, perſonne ſexagénaire. On paſſa à cet effet, le 5 du même mois de Mars 1767, trois actes devant Me Lenoir & ſon Confrere, Notaires à Paris. Ces rentes par conſéquent n'étoient qu'à raiſon de 9 pour cent, & les 30000 livres exigibles, portées en l'obligation de M. de Beaulieu, furent la valeur réelle des contrats, de telle maniere que le titre des trois Créanciers de M. de Beaulieu, étoit ſon propre effet qu'il acquittoit par le nouvel engagement qu'il contractoit avec un bénéfice évident.

Cinq jours après il fut ſubſtitué au prix reçu d'abord, la rente dont il s'agit.

M. de Beaulieu fait choix d'une personne de confiance qui le représente.

L'intérêt de trois sols dont on vient de parler, joint à celui d'un sol acquis deux mois & demi auparavant, sembla avec raison, mériter l'attention de M. de Beaulieu. Il ne voulut pas néanmoins paroître en nom dans l'affaire du Canal: il convint avec son Cédant que ce seroit M. Gerard, Médecin, qui assisteroit pour lui dans les assemblées, & que son intérêt seroit, mis dans la suite, sur la tête de ce dernier, sauf à lui, à remettre à M. de Beaulieu sa déclaration à cet effet. Ce fut en conséquence de cet arrangement verbal que M. Gerard, qui n'a jamais eu aucun intérêt au Canal, assista & signa dans les sept assemblées qui furent tenues en 1767, après la date du premier Mars, c'est-à-dire, dans les assemblées des 26 Mars, 23 Avril, 6 & 11 Mai, premier & 27 Août, & 2 Septembre; ce fut en conséquence de ce même arrangement verbal, que le 20 Juin de la même année, lorsque M. de Beaulieu voulut faire liquider son intérêt, (en échangeant contre de nouveaux titres, & en exécution des délibérations de la Compagnie, les actes de cession que lui avoit remis son Cédant) au lieu de faire remplir de son nom ces nouveaux titres, il voulut les recevoir, le nom du Propriétaire en blanc, ainsi qu'on le voit dans sa déclaration à ce sujet, au bas des actes des 18 Décembre 1766 & premier Mars 1767 (on trouvera ci-après la copie de cette déclaration).

Cette personne assista aux assemblées de la compagnie, & signa les délibérations.

Acte de liquidation de l'intérêt de M. de Beaulieu du 20 Juin 1767. Nom du Propriétaire en blanc, pour pouvoir le remplir de celui de M. Gerard.

M. de Beaulieu ne peut avoir oublié que, quand il demanda que, dans ses nouveaux titres, le nom du Propriétaire fût en blanc, ce n'étoit que pour le remplir de celui de M. Gerard, & que, s'il ne le fut pas le même jour, ce ne fut que parce que la prudence exigeoit qu'il retirât auparavant la déclaration ou contre-lettre de ce dernier (15).

Ce fut pour pouvoir le remplir de ce nom que M. de Beaulieu ne voulut pas le remplir du sien.

(15) On verra dans la suite de ce Mémoire une Lettre de M. de Beaulieu, du 3 Mars 1769, d'après laquelle il paroît qu'il a négocié lui-même ces effets, qu'ils ne sont plus en sa possession, & que ce sont les porteurs de ces titres & nouveaux propriétaires, qui ont seuls, aujourd'hui, intérêt de suivre le sort du Canal.

Il

Il ne lui est pas permis d'oublier non plus que dans le commencement de Septembre 1767, il fit prévenir le sieur Floquet que les premiers six mois de la rente étoient échus depuis le premier du même mois, & qu'il n'avoit qu'à les envoyer toucher. Le sieur Floquet y fut le 22, & reçut son payement sous acquit.

En Septembre 1767 il fait prévenir le sieur Floquet, que l'argent des arrérages échus étoit prêt.

Le sieur Floquet le reçut le 22 du même mois.

Il se ressouviendra sans doute aussi que s'il n'avoit pas traité avec le sieur Floquet, le premier Mars 1767, pour acquérir l'intérêt de trois sols, exempt du retranchement, dont le prix fut d'abord l'obligation de 30000 livres dont on a parlé, & ensuite la rente viagere dont il s'agit, il étoit convenu, dit-on, avec M. de la Condamine (qui devoit lui céder quatre sols soumis audit retranchement) qu'il payeroit 10000 livres comptant, & une rente viagere de 2000 livres sur la tête d'une personne assez jeune.

Si M. de Beaulieu n'avoit pas traité avec le sieur Floquet, il auroit acquis un intérêt de 4 s. d'un autre Intéressé, moyennant 2 mille liv. de rente viagere, & 10 mille livres comptant.

Si tous ces faits prouvent que M. de Beaulieu étoit encore, à cette époque de Septembre 1767, content de son acquisition d'intérêts, on peut dire que peu auparavant il l'étoit au point qu'il auroit voulu procurer de nouveaux associés, deux entre autres, de grande considération, qui desiroient un Prospectus de l'état lors actuel du Canal & de la nouvelle Compagnie. Pour se décider, M. de Beaulieu demandoit sur cet objet une instruction au sieur Floquet, qui ne lui en envoya aucune, non qu'il n'eût été très-flatté de grossir le nombre de ses co-associés des personnes respectables dont il s'agissoit, mais parce qu'il étoit naturel qu'après avoir cédé pour rien, ou à des Acquéreurs sans bonne foi, au-dessus des trois quarts de l'intérêt total, il gardât pour lui le nombre de sols qu'il avoit encore en sa disposition dans la partie restante (16), & d'ailleurs le sieur Floquet

M. de Beaulieu vouloit donner de nouveaux Associés au sieur Floquet.

Le Sr Floquet refuse ces nouveaux Associés. Motifs de son refus: preuves de ses pertes & de quelques-uns des torts que lui ont fait les Auteurs de la compagnie Angloise.

(16) Ce fait prépare l'esprit à une réflexion bien naturelle; le sieur Floquet a lui-même fait des pertes considérables dans l'entreprise du Canal, & a été la plus grande victime de ceux qui l'ont trompé: s'il eut cru mauvaise cette entreprise, ou

avoit trop de confiance dans la Compagnie Angloise. Cette confiance a été portée à son plus haut degré, & il en a été lui-même la premiere victime.

Le sieur Floquet n'en rapportera point d'autres preuves que la perte considérable qu'il a faite des effets des sieurs Agliani & de Boullemen, effets qu'il a gardé dans son porte-feuille, & dont on prétend qu'il n'est plus recevable à demander le payement au sieur Daran, qui les lui avoit remis pour s'acquitter, d'autant envers lui d'une dette de cent mille livres, indépendamment d'autres (17).

On peut encore donner une nouvelle preuve de l'excessive confiance du sieur Floquet dans la Compagnie Angloise. C'est le refus qu'il fit de se lier avec celle de M. d'Ormoy, qui lui offroit quinze mille livres d'appointement, & la sixieme partie de la propriété du Canal, dont elle faisoit les fonds pour lui (18).

---

si son but n'eut été que de faire de l'argent des intérêts répandus dans le Public, il en auroit certainement vendu le plus qu'il lui auroit été possible, & il n'auroit pas lui-même conservé avec tant de soin ceux qui lui restoient. Quand on veut juger des hommes, il faut être conséquent & connoître les faits avant que de se permettre d'attaquer leur réputation.

(17) Par Sentence arbitrale, rendue le 4 du mois d'Août dernier, le sieur Floquet, qui n'a succombé dans aucun autre des chefs de ses demandes contre le sieur Daran (si pourtant on peut se servir de cette expression, relativement à une disposition qui ne méconnoit pas le droit du demandeur), & qui a obtenu plusieurs condamnations considérables contre ce Particulier, n'a été déclaré non-recevable dans sa demande, afin de payement d'une somme de 60000 livres, sauf à lui à se pourvoir contre qui & ainsi qu'il appartiendra; il n'a encouru la perte d'environ 16000 liv. qui faisoient partie de ces 60000 livres, & qu'il a encore en effet des sieurs Agliani & de Boullemen, que faute par lui d'avoir aux échéances, négligé de se mettre en regle, tant étoit grande sa confiance au sieur Daran, dont il auroit dû se méfier, ainsi que des Agliani, & autres, que ce Particulier donnoit pour ce qu'ils n'étoient point. (*Voy. examen de trois Traités faits entre le sieur Floquet & le sieur Daran; seconde partie du Mémoire annoncé ci-dessus, art. 1 & suiv.*)

(18) Il ne faut pas non plus imputer à cette seule cause de sa confiance, trop légérement accordée, le refus fait par le sieur Floquet, d'accéder aux propositions de la Compagnie de M. Dormoy.

M. de Beaulieu eſt devenu Proprietaire des intérêts dont il s'agit au moyen des actes des 18 Décembre 1766, & premier Mars 1767.

Obſervation ſur le premier acte de ceſſion d'intérêt au profit de M. de Beaulieu.

Précis de cet acte.

Le premier de ces actes porte ceſſion & tranſport d'un intérêt d'un ſol. La ceſſion eſt faite par l'Auteur du Canal à M. de Beaulieu. Il eſt dit par cet acte, que le Cédant fait cette vente *ſans autre garantie de ſa part que celle que cet intérêt lui appartient, & qu'il ne l'a cédé à nul autre.* Or comme on ne pourroit lui prouver qu'il n'avoit pas cet intérêt, quand il en fit le tranſport, ſon Ceſſionnaire n'a rien à lui oppoſer ſur cet article : on peut ſe paſſer même de rappeller à ce dernier, qu'ayant, le 20 Juin 1767, retiré cet intérêt en nature, cet intérêt ne peut appartenir à un autre, ni un autre ne peut l'avoir, puiſque c'eſt M. de Beaulieu qui l'a eu, & qui l'a toujours conſervé en ſa poſſeſſion, juſqu'à l'inſtant auquel il l'a négocié & fait paſſer en des mains étrangères.

Il a été ſpécialement ſtipulé dans l'acte, & formellement déclaré que l'intérêt vendu à M. de Beaulieu devoit être pris dans celui des trente-huit ſols, *faiſant fonds*, que le Vendeur avoit encore dans l'intérêt total des deux cens ſeize ſols mentionnés en l'acte de Société du 2 Avril 1763 (19). Cet acte & le Mé-

En effet, le ſieur Floquet devoit-il accepter les offres de cette Compagnie, dès qu'elle ne vouloit faire aucun avantage aux autres de ſes Co-aſſociés, qui lui avoient donné leurs pouvoirs ? devoit-il d'ailleurs compter pour rien les promeſſes du ſieur Neſme, Ceſſionnaire du ſieur Daran, de 14 ſols, à 10000 liv. le ſol, & dont le ſieur de Boullemen a dans la ſuite été reconnu n'avoir été que le prête-nom ? pouvoit-il manquer à des Co-aſſociés qui lui avoient donné leur pouvoir ſi illimité, qu'en ſignant pour lui, il ſignoit pour eux, ſans qu'il fût beſoin d'aucune énonciation expreſſe ? Le ſieur Floquet, en refuſant, n'a fait que ce que ſon devoir & ſa délicateſſe lui preſcrivoient de faire : il défie qu'on puiſſe lui reprocher de s'être jamais écarté de ces deux régles ſi reſpectables à tous égards.

(19) Il eſt évident que puiſque M. de Beaulieu acquéroit des ſols faiſant fonds, il étoit, outre ſon prix du droit d'aſſociation, obligé de fournir ſon contingent des frais de conſtruction, & autres relatifs à la Compagnie, & ce, proportionnément à ſon intérêt.

moire de 1764, font partie des piéces communiquées alors à l'acquéreur, afin qu'il ne pût prétendre ignorer la position lors actuelle de l'entreprise du Canal.

On prévoit dans ce même acte du 18 Décembre 1766, dont on donne ici le précis, le cas où la Compagnie, étrangère ou Angloise, ne seroit pas aussi solide que l'assuroient le prétendu Anglois (*Touest*) & Agliani; M. de Beaulieu ne peut pas dire que ce n'avoit été que sur l'assurance que la Compagnie étrangère étoit telle qu'on l'annonçoit, qu'il avoit acquis un intérêt au Canal, puisqu'il ne pouvoit ignorer que l'on craignoit que cette Compagnie ne remplît pas ses obligations, & que l'on croyoit possible que ce fût un autre qui fît construire le Canal, *ensorte que* (ce sont les termes de l'acte) *si, ainsi que l'on est ce semble suffisamment fondé à le croire, cette contribution* (de deux mille sept cens livres) *n'avoit pas lieu, faute par une partie des co-Associés d'y satisfaire, ou par le changement que peuvent occasionner les offres de la Compagnie étrangère, qui ont été reçues le 24 Septembre dernier (1766) & communiquée à mondit sieur Cessionnaire; en ce cas, je serois débiteur envers lui du montant le concernant de ladite contribution de deux mille sept cens livres par sol, lequel montant je serois tenu, ainsi que je le promets & m'y oblige par la présente, de lui payer sans intérêt, six mois après & non auparavant, sous quelque prétexte que ce pût être, que madite Compagnie actuelle, soit seule, soit conjointement avec ladite Compagnie étrangère, ou toute autre que je pourrois lui joindre, auroit fait construire le canal jusqu'au terroir d'Aix.*

Cet acte enfin, dont les termes ne laissent aucun accès à la chicane, quelque puisse être le sort du Canal, ainsi que celui de la Compagnie, ou des Compagnies qui le feront construire, est terminé par ces mots: *Je fais la presente cession d'un intérêt d'un sol, pour & moyennant le prix dont je suis convenu avec M.*

de Beaulieu, lequel prix je reconnois avoir reçu, & dont quittance. Fait double à Paris, &c. (20).

L'acte du premier Mars 1767, porte cession, par l'auteur du canal, à M. de Beaulieu, d'un intérêt de trois sols; cet acte prouve, par l'espace de temps (près de deux mois & demi qui s'étoit écoulé depuis la premiere cession) que le Cessionnaire avoit été & étoit encore très-content de son premier marché, puisqu'il avoit demandé à faire le second.

Acte du premier Mars 1767, portant cession de 3 sols, dont le prix fut ensuite la rente dont il s'agit.

» Je soussigné (c'est la teneur même de cet acte) céde & » transporte encore à M. de Beaulieu, aussi soussigné, ce accep- » tant, aussi sans autre garantie de ma part *que celle qu'il m'ap- » partient un intérêt de trois sols dans les trente-huit dont le sol de » ma cession du 18 Décembre dernier fait partie.* Au moyen de » quoi mondit sieur Cessionnaire a, dès maintenant, un intérêt » de quatre sols dans mon entreprise, moyennant le prix dont » je suis convenu, que je déclare avoir reçu, & dont quittance, » m'obligeant cependant de relever M. de Beaulieu du retran- » chement que sondit intérêt pourroit subir & auquel les autres » Co-associés seront soumis en conformité des délibérations » que ma Compagnie doit prendre dans peu à ce sujet.

La présente fait double à Paris le premier Mars 1767.

Comme M. de Beaulieu ne négligeoit pas ses intérêts, il exigea dans le même acte du premier Mars que son Cédant le relevât du retranchement, non-seulement que son intérêt

M. de Beaulieu exige que son intérêt soit exempt de retranchement.

(20) Voilà bien l'objet consommé; de sorte que l'on pourroit à la rigueur soutenir que les actes, de l'exécution desquels il s'agit, n'ont aucun rapport avec tous ces détails, & le succès de la demande contre M. de Beaulieu paroît certain; mais le sieur Floquet, qui n'a point à rougir de sa conduite dans cette affaire, non plus qu'en toutes autres, veut bien donner ces détails, pour ôter à M. de Beaulieu tout prétexte de déclamation, & il assure qu'il ne supprime de ces détails que ce qui pourroit ne pas satisfaire l'amour propre de M. de Beaulieu: sans doute il lui en sçaura quelque gré.

Voir les délibérations jointes à ce Mémoire, qui ordonnent ce retranchement.

de trois sols pouvoit subir, mais encore de celui qu'auroit dû subir son intérêt d'un sol; & comme ce retranchement devoit être d'environ la moitié, ainsi qu'on le voit par les endroits rapportés & joints à ce Mémoire, des délibérations qui l'ordonnent, on doit convenir que quoique le prix du premier sol eût été d'environ six mille livres, & celui de chacun des trois derniers, de dix mille livres, formant le capital de la rente viagère en question, ces prix néanmoins, par cette exemption du retranchement, n'avoient été que d'environ trois mille livres & cinq mille livres.

M. de Beaulieu, pleinement instruit, demande à échanger ses titres contre ceux dont la Compagnie venoit de prescrire la forme.

Enfin, M. de Beaulieu pleinement informé en Juin 1767, que la Compagnie du sieur de Boullemen avoit été substituée à la Compagnie Angloise, & parfaitement instruit de tout ce qui avoit trait au Canal, puisque la personne qui assistoit pour lui aux Commités & aux Assemblées l'en instruisoit, il voulut lui-même faire l'échange des précédens titres, contre ceux en la forme prescrite par la Compagnie. Il étoit donc encore content d'avoir fait son acquisition. On ne repétera point ce que l'on a dit ci-devant sur cet objet, & on se bornera à transcrire ici la déclaration qu'il écrivit & signa au bas des deux, du 18 Décembre & du premier Mars précédent.

Copie de sa reconnoissance à ce sujet. Elle est au bas des actes de cessions.

» Je reconnois qu'en échange du présent titre, & en exécu-» tion des délibérations de la troisiéme Compagnie du Canal, » M. Floquet ma remis quatre nouveaux titres de propriété d'un » sol chacun dans ladite Compagnie, sous les numéros 101, » 102, 103, 104, signés par lui, par M. Agliani, par M. du » Putel, & par M. Duvalguier; ensorte que ce sera à moi à » les faire signer par M. de Boullemen, Trésorier général, & » de remplir le nom qui est en blanc, comme j'aviserai bon être.

» Fait à Paris ce vingt Juin mil sept cent soixante-sept.

Signé, BOMBARDE DE BEAULIEU.

Le ſecond acte du 18 Décembre 1766, porte vente conditionnelle d'une maiſon de M. de Beaulieu au ſieur Floquet.

Second acte du 18 Décem. 1766, portant vente conditonnelle de la maiſon de M. de Beaulieu.

L'article 6 de cette même vente, confirme encore ce qu'a dit juſqu'ici le ſieur Floquet.

Article 6 de cet acte, qui confirme ce que dit le ſieur Floquet.

» Ce ſera (article 6 de l'acte du mois de Décembre 1766) » après que l'on aura ladite plus grande certitude que la Com» pagnie Angloiſe remplira ſeſdits engagemens, que le pré» ſent acte ſera rédigé en acte devant Notaires; *mais tant alors » que maintenant, ni dans aucun temps, il ne dérogera ni préju» diciera en quelque façon que ce ſoit, aux actes & conventions de » ce jour, que nous ſouſſignés avons paſſés entre nous, leſquels ſont » diſtincts & n'ont rien de commun avec le préſent acte de vente » conditionnelle.*

Dans ce même acte, M. de Beaulieu reconnoît qu'il a de *nouveau pris communication des piéces & titres néceſſaires pour connoître l'état (lors) actuel de l'entrepriſe du Canal de Provence*, réfléchi mûrement ſur la teneur des offres de la Compagnie Angloiſe, obſervé que par l'article neuviéme de ces offres, cette Compagnie vouloit faire un don de deux cens quarante mille livres à l'Auteur du Canal, *relu* avec attention le contenu en la délibération qui accepta ces offres, lu la déclaration des Syndics qui conſtate le refus qu'avoit fait le ſieur Floquet dudit don de 240000 livres; & enfin M. de Beaulieu déclare avoir paraphé *ne varietur*, leſdites offres, *la délibération qui les accepte, & la déclaration portant refus de la part du ſieur Floquet deſdites 240000 livres.*

M. de Bealieu n'agit qu'avec pleine connoiſſance de cauſe.

Il réfléchit mûrement ſur le don de 240 mille liv. que la compagnie Angloiſe vouloit faire au ſieur Floquet.

Sur le refus qu'avoit fait de ce don le ſieur Floquet.

Enfin il paraphe tous les actes y relatifs.

On lit encore dans le même acte » tant le payement de cette » ſomme principale (prix de ladite maiſon) fixée à 202400 liv., » que celui deſdits intérêts, ſeront pris dans les 240000 livres » & non ailleurs. . . . . Si contre toute apparence, *il arrivoit » que la Compagnie Angloiſe n'effectuât point ſes promeſſes envers*

Les 202400 liv. prix de ſa maiſon, ne devoit être pris que ſur les 240 mille livres, que le ſieur Floquet n'accepta enſuite que pour acquérir ladite maiſon pour le Bureau général du canal.

» *la Compagnie actuelle dudit Canal, ou envers ledit sieur Floquet*, » alors la vente dont il s'agit, ainsi que le présent acte dont » elle fait l'objet, demeureroient nuls & pour non faits. . . . . » Comme il paroît naturel de laisser écouler une espace de » temps, pour être plus certain que la Compagnie Angloise fera » honneur aux engagemens que M. Agliani a pris pour elle » envers la Compagnie actuelle dudit Canal, je donne à cet » effet jusqu'au premier Mars prochain 1767 exclusivement.

Le sieur Daran, en faisant valoir le service rendu au canal par la formation de sa prétendue compagnie Angloise, engage le sieur Floquet à lui donner ladite maison.

Voir à cette occasion l'acte du 10 Mars 1767, à la suite de l'article 2 de la délibération du 2 du même mois, précédé de l'acte de vente de ladite maison, le tout joint à ce Mémoire, & terminé par la ratification d'Agliani, & même de celle de M. de Beaulieu.

Si les endroits que l'on vient de citer, & ceux que l'on a rapporté du second acte du 18 Décembre 1766, ne suffisoient & au-delà, pour faire voir que M. de Beaulieu n'agissoit qu'en pleine connoissance de cause, on lui rappelleroit le consentement qu'il donna le 10 Mars 1767, au don que le sieur Floquet, (après en avoir prévenu sa Compagnie huit jours auparavant) fit de ladite maison au sieur Daran, en reconnoissance du service important que ce dernier avoit rendu à cette Compagnie, en lui procurant les fonds dont elle avoit besoin, & qu'elle n'avoit pu se procurer elle-même (21).

Les choses étant en cet état, M. de Beaulieu paisible propriétaire

(21) On a transcrit au bas de la copie de l'acte dont on vient de rapporter quelques endroits, & qui est au long joint à ce Mémoire, la copie de l'article second de la délibération de l'assemblée du 2 Mars 1767, relatif à la maison dont est question, avec un acte du 10 Mars, portant transport par le sieur Floquet au sieur Daran de la maison acquise de M. de Beaulieu, & l'acte par lequel Agliani ratifie la précédente. On trouve, à la suite de ces mêmes actes, la ratification qu'a fait M. de Beaulieu lui-même de ces actes.

Outre la preuve qui en résulte, que M. de Beaulieu avoit une connoissance exacte de toutes les opérations du Canal, on y voit encore très-clairement qu'il n'étoit ni séduit ni trompé par les grandes promesses faites au nom de la Compagnie angloise, & qu'il étoit décidé, soit que ces promesses fussent effectuées par la suite, soit qu'elles n'eussent aucun effet, à conserver son droit & remplir ses engagemens. Cette remarque réfute d'avance la noire calomnie insérée dans le Mémoire de M. de Beaulieu, qu'on lira ci-après, où il prétend qu'il a été la dupe de l'existence de la Compagnie angloise, & de ce qu'en disoit le sieur Floquet.

priétaire des intérêts qu'il avoit acquis, attendoit avec confiance l'heureux instant de la reprise des travaux du Canal de Provence, & l'efficacité des promesses d'Agliani, du sieur Boullemen, & autres, & chacun des co-associés, sans faire aucuns efforts, demeuroit dans une sécurité parfaite sur les événemens.

Malheurs imprévus arrivés à l'Auteur du canal. Il est privé de ses papiers & de ceux de la compagnie.

La Compagnie se vit tout à coup privée de son chef, de celui auquel elle devoit de la reconnoissance, comme on peut le voir dans la copie des septième, huitième & neuvième articles du rapport qu'il fit à l'Assemblée générale de la Compagnie du Canal, du 3 Avril 1769, qui se trouve à la fin de ce Mémoire. Agliani venoit de disparoître, & sa banqueroute fit sensation. Le Gouvernement justement alarmé des bruits qui se répandoient de toutes parts contre les opérations relatives à l'entreprise du Canal de Provence, crut sans doute qu'il étoit de sa sagesse, de prendre connoissance de ces opérations. Le 28 Novembre 1767, le sieur Floquet, ses papiers, ceux de la Compagnie, ont été enlevés en vertu d'ordre du Roi; on a ensuite transféré le sieur Floquet d'une prison en une autre, & ce n'a été qu'aux environs de douze mois après qu'il a obtenu sa liberté (22).

(22) Le sieur Floquet respecte les vues sages qui ont vraisemblablement décidé sa détention: tous les jours l'innocent peut être confondu avec le coupable; ses plaintes tombent sur tous les Auteurs des manœuvres qui ont attiré l'attention du Gouvernement, & sur les méchans qui ont pû élever des nuages sur sa conduite & la faire soupçonner. Le tort qu'ils lui ont fait est irréparable; la santé du sieur Floquet, septuagénaire, ne peut se rétablir; les dépenses, extraordinaires en pareil cas, l'accablent encore aujourd'hui, & néanmoins tous ces maux réels n'affoiblissent point dans ce Citoyen zélé l'envie qu'il a d'être utile à sa patrie, & de lui consacrer, jusqu'au dernier instant de ses jours, le peu de vie qui lui reste pour concourir à l'exécution de l'entreprise du Canal, qui doit faire à jamais la gloire de ce Royaume. Il compte même sur la justice & la bonté du Souverain, qui, convaincu de l'innocence d'un des plus fideles de ses Sujets, ne dédaignera pas d'entendre ses plaintes, & ne permettra point qu'on l'ait opprimé impunément dans sa personne, dans son honneur & dans ses biens.

Le fieur Floquet eſt fondé à croire que M. de Beaulieu eſt du nombre de ceux dont il doit ſe plaindre & contre qui il doit ſe pourvoir.

Il y a tout lieu de croire que ç'a été dans cette circonſtance pénible que M. de Beaulieu, décidant ſans examen, oubliant la nature de ſes accords, jugeant des choſes par l'événement, & uniquement inſpiré par ſon intérêt perſonnel, n'a pas craint de groſſir le nombre de ceux dont ſon Créancier doit ſe plaindre, & contre qui il doit ſe pourvoir.

Le ſieur Floquet eſt fondé à le croire d'après les inſtances qui lui furent faites lors de l'enlevement de ſes papiers, de remettre au Commiſſaire le ſecond des deux actes du 18 Décembre 1766, & la groſſe du Contrat de la rente viagere qui le concerne. (Cette groſſe & autres piéces y relatives ſont encore au nombre des papiers qui ne lui ont pas été rendus) & il apprit que depuis les commandemens judiciairement faits à M. de Beaulieu de remplir ſes engagemens, & dont on va parler plus bas, ce Débiteur fit encore de nouvelles démarches contre le ſieur Floquet auprès des Miniſtres.

On n'a eu recours à la Juſtice qu'après le refus de M. de Beaulieu de faire honneur à ſes engagemens.

M. de Beaulieu, depuis que le ſieur Floquet eût recouvré ſa liberté, jugea à propos de ne pas déférer aux demandes réitérées de ſon Créancier, & de-là, la néceſſité de recourir à la Juſtice.

Lettre ſinguliere de M. de Beaulieu au Secrétaire du Canal.

Avant que de rendre compte de la procédure faite contre M. de Beaulieu, il eſt néceſſaire de mettre ſous les yeux du Conſeil quelques réflexions ſur une Lettre écrite par le Débiteur du Conſultant au Secrétaire de la Compagnie du Canal de Provence, le 3 Mars 1769.

» C'eſt à tort, Monſieur, (ce ſont les termes de la Lettre de M. de Beaulieu) » que vous vous adreſſez à moi, tant pour » émarger un état de diſtribution, que pour ſigner une délibération concernant la Compagnie du Canal de Provence. » J'ai eu occaſion de voir & de connoître M. Floquet qui a le » privilége de ce Canal; il m'a remis à la vérité quatre pen-

» cartes d'intérêts dans ladite Compagnie; elles n'ont jamais été » en mon nom, & elles sont au porteur, c'a été une convention faite entre nous. J'ai eu toujours de l'inquiétude sur la réalité des faits avantageux concernant cette Compagnie, dont » il me faisoit un étalage, qui par l'événement s'est totalement évanouie. *Les quatre pencartes en question ne sont plus* » *en ma possession, & ce sera aux Porteurs d'icelles, à discuter* » *avec M. Floquet le prix de la valeur de ce qu'il a donné &* » *de ce qu'il aura reçu.* Je suis, Monsieur, très-parfaitement, » votre très-humble & très-obéissant serviteur :

Signé, BOMBARDE DE BEAULIEU.

Observation sur cette Lettre.

Après les faits que l'on a rapportés & prouvés, ne doit-on pas être surpris que M. de Beaulieu écrive au Secrétaire du Canal, que c'est à tort que celui-ci s'adresse à M. de Beaulieu? Peut-il dire qu'il est sans intérêts, tandis que tous les autres coassociés sçavent que M. Gerard, l'un des Syndics, assistoit pour lui aux Commités & aux Assemblées, tandis que sa propriété étoit connue de la Compagnie, & tandis que ses titres n'ont pû être liquidés & échangés, (comme ils le furent le 20 Juin 1767, contre les nouveaux, sous la forme prescrite par la Compagnie), qu'après qu'il s'est fait connoître, & seulement en considération du dépôt des anciens titres dont il étoit Porteur; dépôt qu'il avoit fait alors aux archives de la Compagnie, ainsi qu'il en étoit nécessairement tenu.

Il dit qu'il a eu occasion de connoître le sieur Floquet. On a vu que ce n'étoit pas ce dernier qui avoit ni cherché, ni fait naître cette occasion, & que sa premiere entrevue avec son débiteur, lui avoit fait sacrifier un effet de dix mille livres.

« Les intérêts du Canal n'ont jamais été en mon nom, & » elles *sont au Porteur; c'a été une convention faite entre nous.* »

Sans doute M. de Beaulieu n'a pas voulu, par ces expreſſions, diſſimuler, qu'il ſoit un des intéreſſés dans le Canal, car il auroit manqué ſon projet, puiſque la teneur même de ſa lettre conſtateroit ſa propriété.

L'inquiétude qu'il dit avoir toujours eu ſur la réalité des faits avantageux concernant la Compagnie Angloiſe, apparemment étoit une inquiétude fondée, & il ne devoit pas être le ſeul qui doutât de la réalité des avantages annoncés; ſes traités avec l'Auteur du Canal, & ci-devant analyſés, prouvent bien clairement, qu'en même-temps que les contractans avoient de l'eſpérance, ils avoient auſſi de la crainte. On doit même conclure de ces traités, que M. de Beaulieu avance trop légerement que le ſieur Floquet exaltoit la Compagnie Angloiſe.

Enfin, par cette Lettre, ſi M. de Beaulieu a prétendu ſe faire un premier moyen de ne pas remplir ſes engagemens, il s'eſt encore trompé, puiſqu'il donne, par cette propre Lettre, la preuve la plus inconteſtable que l'acquiſition qu'il a faite & dont il voudroit ſe plaindre, lui a profité. M. de Beaulieu paroît avoir négocié ſes intérêts : ce ſont, dit-il, d'autres particuliers qui en ſont Porteurs; ils ont ſeuls intérêt à ſuivre l'événement. Il eſt donc évident que ces Porteurs de titres n'ont pu en devenir propriétaires que par la vente, ceſſion, accords, profits, ou arrangemens particuliers, ſecretement faits avec M. de Beaulieu, & qu'il eſt inutile de connoître, parce qu'il ſuffit de conſtater la preuve du fait pour avoir celle de l'injuſtice révoltante de la prétention actuelle de M. de Beaulieu.

Si l'on admettoit l'idée de ce débiteur, il eſt plus clair que le jour, qu'en ſuppoſant que le Canal, contre toute attente, n'ait pas lieu, on accorderoit à M. de Beaulieu, 1°. le droit de retenir des effets, quoiqu'à bien prendre, (ſur-tout à l'égard des deux Créanciers qui pourſuivent actuellement M. de Beaulieu) ces effets ne sont représentatifs que de l'acquit de 30000 livres, dûs par M. de Beaulieu, & qui étoient exigibles, abstraction faite du motif de la dette : 2°. (dans la même hypothèse) le droit de retenir encore des effets, (les intérêts dans le Canal) sans être obligé d'en payer la valeur : 3°. le bénéfice qu'il a dû en tirer en les cédant aux Porteurs actuels; de sorte qu'il feroit alors un double bénéfice avec des effets qui ne lui auroient rien coûté; bénéfice qui dès l'instant présent, l'indemnise des espérances à venir, & qui lui a paru plus sûr, que d'attendre 25000 livres de rente perpétuelle, quoiqu'il n'ait traité dans l'origine, que sous ce point de vue futur. «

Quelque légitime que soit la demande du sieur Floquet, il ne voulut cependant pas se pourvoir judiciairement contre son débiteur sans avoir auparavant l'avis d'un conseil; en conséquence, après les refus constans de M. de Beaulieu, le Consultant dressa un Mémoire pour appuyer son bon droit.

Avant que de se pourvoir judiciairement contre son débiteur, le sieur Floquet dresse un Mémoire pour avoir l'avis de son conseil.

Il fit plus, préférant encore les voies de conciliation, & connoissant la probité de M. de la Condamine, Membre de l'Académie royale des Sciences, & Intéressé dans l'entreprise du Canal, il eut recours à lui pour déterminer M. de Beaulieu à se rendre justice. C'est ce qui donna lieu à la Lettre écrite par le sieur Floquet à M. de la Condamine, le 19 Août 1769.

Il communique ce Mémoire à M. de la Condamine.

La réponse à cette Lettre fut celle-ci :

» J'ai envoyé la Lettre de M. Floquet à M. de Beaulieu ; » je l'ai exhorté à la paix & à un accommodement, qui vaut » mieux tel quel, qu'un bon procès. Voilà sa réponse. »

Réponse de M. de la Condamine.

M. de la Condamine joignit à ce peu de mots un écrit intitulé *Mémoire*, dont il est important de connoître le contenu, puisque c'est le genre de défense de l'Adversaire du sieur Floquet.

» M É M O I R E.

Mémoire de M. de Beaulieu.

(1) » Tout engagement doit être fondé sur une réalité. M. de » Beaulieu a constitué des rentes viageres à M. Floquet, & » dans les Contrats on déclare qu'il y a eu 30000 liv. de fourni » pour la valeur des rentes viageres (*a*).

» Le sieur Floquet a un Privilege du Roi, pour construire » un Canal en Provence. Il a formé différentes compagnies pour » trouver des fonds pour la construction de ce Canal; ces fonds » fournis réellement ou fictivement, n'ont pas eu leur effet, & » les actionnaires de ce Canal n'ont pas été remboursés, ni en » capitaux ni en intérêts (*b*).

Observations générales sur le Mémoire de M. de Beaulieu.

(*a*) C'étoit l'obligation écrite & signée de M. de Beaulieu, & la propriété incontestablement acquise par M. de Beaulieu dans le privilége du Canal; droit de propriété dont il a usé librement & sans trouble par la négociation ou vente de l'objet qu'il avoit acquis.

(*b*) Après avoir lû l'article 12 du plan d'arrangement (rapporté note 5 de ce Mémoire) & les autres titres respectables qu'on y a joints. (la quatrieme note en fait mention) il ne doit point être permis de confondre le prix du droit d'association, ou d'acquisition d'intérêts au Canal, avec les fonds destinés pour sa construction; ceux provenant du prix d'acquisition d'intérêts appartiennent au Cédant, quel que soit le sort du Canal; tels sont ceux d'où procéde la rente viagere dont il s'agit; certainement ce n'est point avec de pareils effets, & moins encore avec ceux que reçoit le Cédant quand sa cession est gratuite, que l'on peut construire un Canal de difficile & dispendieuse exécution: à l'égard des fonds destinés à la construction des ouvrages, ils sont distincts des précédens, la Compagnie les reçoit: & si elle ne peut traiter avec des Bailleurs de fonds, chaque Intéressé doit fournir son contingent, ou être dechu du droit qu'il avoit acquis. M. de Beaulieu ne peut l'ignorer, puisque son intérêt fait partie de celui *faisant fond*; si les Membres de l'ancienne Compagnie n'avoient pas entendu que cela fût ainsi, ils n'auroient pas mis une contribution de 160 liv. sur chacune des 9600 actions qui représentoient son intérêt & ceux de l'actuelle, dont l'intérêt est représenté par 216 sols, une de 2700 livres par sol, &c. L'Auteur du Mémoire que l'on réfute, auroit pu voir, à la page 48 de celui que la Compagnie publia en Novembre 1764, l'emploi utile & ordonné, des sommes qui avoient été versées dans la caisse du Canal, & destinées à sa construction, & autres dépenses concernant la Compagnie.

» Le sieur Floquet pour accréditer son entreprise, a annoncé » qu'en Angleterre il avoit trouvé des riches particuliers qui » fournissoient l'argent nécessaire à la construction de ce Canal, » & qu'il en résultoit que, le Canal conduit à sa perfection, » chaque intéressé pour un sol dans ce Canal composé de » 216 sols, auroit 10000 livres de rente ; qu'en attendant, » qu'au moyen d'une Banque que le correspondant d'Angleterre » établiroit, chaque sol toucheroit chaque année 1000 l., à » commencer du 1er. Janvier 1768 (*c*).

» M. de Beaulieu ayant donné confiance aux propos du sieur » Floquet, a reçu quatre pencartes gravées & signées pour gages » de l'intérêt de 4 sols dans cette entreprise, & pour valeur » desdites pencartes il a fourni 10000 l. en effets estimés beau- » coup plus que cette somme, & pour 30000 l. de contrats de » rentes viageres (*d*).

(*c*) Les faits rendus ci-dessus font voir la calomnie de ceux-ci, puisqu'il est constant, par les actes même passés entre les Parties, que bien loin de chercher à tromper, sous l'apparence de solidité de la Compagnie angloise, le sieur Floquet a prévu le cas où les espérances fondées sur cette Compagnie s'évanouiroient : d'ailleurs le sieur Floquet n'a pû dire avoir trouvé de riches Particuliers en Angleterre, où il n'a jamais été. On a vu qu'il n'a sçu que le 13 Mai 1767, qu'on lui en avoit imposé au sujet de la Compagnie angloise, & que, long-temps avant cette époque, M. de Beaulieu avoit traité (sans que le sieur Floquet en fût instruit) avec les prétendus Membres de cette Compagnie, relativement à sa maison de la rue de l'Université. (Voy. ci-dessus note 21, deuxieme alineâ).

(*d*) Ceci n'est pas exact ; voyez les actes de Décembre 1766 & Mars 1767, & la reconnoissance de M. de Beaulieu, du 20 Juin 1767, jour auquel il reçut les titres de propriété qu'il demandoit. D'ailleurs voilà ces 30000 livres exigibles, somme réelle qui fait la base de l'engagement de M. de Beaulieu vis-à-vis des Créanciers qui l'actionnent, & qui soutiennent devoir être payés des arrérages de rentes qui leur sont dûs. La valeur est réelle, & M. de Beaulieu l'avoue ici, quoiqu'il ait voulu le nier au commencement de son Mémoire. A l'égard des effets que M. de Beaulieu estime plus que la somme de 10000 livres, on a vu (pag. 29 de ce Mémoire) que ce débiteur en retenoit encore une partie considérable en sa possession ; on a même désigné le lieu qui les recéloit.

» Si la compagnie angloise avoit fourni les 2 millions 400000 » l. pour la construction du Canal, qu'en conséquence on eût » procédé à cet ouvrage, M. de Beaulieu ne reclameroit pas » contre ses engagemens, quand même le produit n'auroit pas » été porté comme il étoit annoncé (*e*).

» Mais cette compagnie angloise s'est trouvé un être de » raison, on n'a rien fait au Canal, il ne reste rien de tous les » fonds qui ont été fournis au sieur Floquet par nombre de par- » ticuliers (*f*).

» M. de Beaulieu est donc bien fondé à dire, qu'il n'y a » jamais eu de valeur de ses engagemens, que la lézion est totale, » que par le droit connu les majeurs peuvent se pourvoir contre » les marchés qu'ils ont faits quand il y a lézion *de moitié* * ; » ils le peuvent avec plus de raison quand la lézion est totale (*g*).

* Ces mots *de moitié* ~~souligné~~, ~~sont~~ ajoutés de la main de M. de la Condamine.

» M. de Beaulieu n'a fait aucune démarche contre les intérêts » du sieur Floquet, n'a vu à ce sujet, ni aucun Ministre ni aucun » Avocat, il s'est contenté de ne prendre aucune part à toutes » les assemblées tenues à ce sujet, & d'attendre avec patience » le résultat du Conseil, qui a voulu prendre connoissance de » cette affaire » (*h*).

(*e*) Il ne faudroit que ce peu de mots pour voir quelles étoient les vues usuraires de M. de Beaulieu, & cette seule phrase doit faire sa condamnation. Quoi ! M. de Beaulieu, en cas de profit, se croiroit en droit d'actionner son Cessionnaire en vertu de ces actes, qu'il soutiendroit, alors, valides ; & en cas de perte, il veut que ces mêmes actes soient nuls : Quel systême ! on n'y attache point d'épithetes.

(*f*) Ce n'est pas là l'état de la question, au surplus on y a répondu. Voyez note (*b*) ci-dessus.

(*g*) C'est proprement le *jactus retis* qu'avoit acheté M. de Beaulieu : il n'a point été trompé. Voyez la Consultation du premier Septembre 1769. D'ailleurs, suivant M. de Beaulieu, en cas de succès de l'entreprise, le sieur Floquet auroit donc la même action contre son débiteur ? C'est absurde.

(*h*) Comment croire que M. de Beaulieu dit vrai, quand il avoue qu'il n'a fait aucune démarche auprès du Ministre, puisque la grosse qui fait le titre du sieur

La

La plûpart des allégations de ce Mémoire sont fausses, démenties par des faits contraires & prouvés tels, & elles annoncent les vues usuraires de M. de Beaulieu. Il suffit de lire ce Mémoire pour voir l'illusion du systême de ce débiteur.

Le sieur Floquet se détermina, d'après ce plan de son adversaire, à laisser agir la dame son épouse & la demoiselle Le Roi, toutes deux Créancieres, ainsi que lui, de M. de Beaulieu.

En conséquence, le 6 Septembre 1769, il fut fait commandement à ce débiteur de remplir ses engagemens. On devoit procéder à la saisie-exécution de ses meubles. Sur le refus qu'il fit d'ouvrir ses portes, après en avoir dressé procès-verbal, on se pourvut devant M. le Lieutenant Civil, & ce Magistrat rendit son Ordonnance, portant que la saisie commencée seroit continuée, & qu'à cet effet M. de Beaulieu seroit tenu d'ouvrir ses portes, sinon permis de les faire ouvrir par un Serrurier en présence de deux voisins & du Commissaire du quartier.

M. de Beaulieu plutôt que de proposer ses prétendus moyens contre les titres exécutoires qui lui étoient opposés, interjetta appel en la Cour, des commandemens qui lui avoient été faits, & surprit un Arrêt sur Requête, qui, en le recevant appellant, ordonne, entr'autres dispositions, que toutes choses demeureront en état. Cet Arrêt est du mois de Septembre dernier.

Le fond de l'appel n'est point encore en état, il s'agit de l'exécution de titres qui paroissent incontestables. Seroit-il possible que les parties succombassent sur l'appel interjetté par M. de Beaulieu? N'y auroit-il pas lieu, au contraire, à demander l'exécution provisoire des titres?

Floquet, ne lui a point encore été rendue? Comment le croire, lui qui ne craint point de dire qu'il n'a pris aucune part aux assemblées, tandis qu'une personne de confiance y assistoit pour lui, quoiqu'elle n'y eût aucun intérêt personnellement?

Le sieur Floquet attend la décision du Conseil sur ces deux demandes, & il prie d'avoir égard au détail des faits contenus au présent Mémoire : la délicatesse & les sentimens d'honneur qui guident le consultant & la dame son épouse, ne leur ont pas permis de taire ces différens détails. La vérité est une, il à falu la faire connoître, & elle ne s'est pas démentie. Le sieur Floquet qui ignore les moyens de droit, & ce qu'on appelle fin de non-recevoir, ne rougit pas de remonter aux principes de sa créance, & de reconnoître pour la base des engagemens respectivement contractés par M. de Beaulieu & lui, le privilege du Canal de Provence & les arrangemens pris par la compagnie de ce Canal, dont M. de Beaulieu est devenu Membre.

Signé, FLOQUET.

CONSULTATIONS.

LE CONSEIL soussigné qui a pris lecture du Mémoire à consulter pour le sieur Floquet, ensemble des copies des Actes du 18 Décembre 1766, & de la délibération du 2 Mars 1767; des Actes du 5 du même mois de Mars, de la lettre de M. de Beaulieu du 3 Mars 1769, du Mémoire remis pour ce Monsieur, par M. de la Condamine, au sieur Floquet, & d'autres pieces relatives à la créance que le sieur Floquet a à exercer contre M. de Beaulieu :

ESTIME, que M. de Beaulieu seroit mal fondé à se refuser à l'acquit des rentes qu'il doit aux termes des Actes du mois de Mars 1767.

Si l'on consulte la teneur de ces Actes, ils sont en bonne forme, & le débiteur ne peut se soustraire à leur exécution.

Si l'on descend dans le détail des causes auxquelles ces Actes doivent leur existence, le débiteur n'en est pas moins tenu de remplir ses engagemens.

En effet, en remontant aux premiers faits, & prenant la déclaration du créancier, qui, à cet égard, n'est point démenti par le débiteur, il paroît que M. de Beaulieu instruit, d'abord par tout autre que le sieur Floquet, & sans doute, par M. le Comte de Voisenon son gendre, de l'état du Canal de Provence, a cru qu'il étoit de son intérêt d'acquérir quelques droits dans cette entreprise. Le sieur Floquet, pour céder aux sollicitations qui lui étoient faites, a accepté M. de Beaulieu pour un de ses associés, & ce, suivant les conventions faites entr'eux.

Il résulte des Actes passés à cet effet, deux choses principales & très-importantes : l'une, que le sieur Floquet a vendu sans aucune garantie quelconque, (autre que celle qu'il ne les avoit point encore vendus à qui que ce soit) les intérêts dont M. de Beaulieu se rendoit acquéreur, & que M. de Beaulieu devenu acquéreur, n'est, par ce moyen, devenu que le propriétaire de la portion à lui cédée dans le privilege, dont le sieur Floquet lui-même est propriétaire.

Il est vrai que, par cette acquisition, M. de Beaulieu acquiert, en même proportion, un droit dans la propriété & revenu du Canal; mais sous la condition expresse, ainsi qu'y sont astreints tous autres Co-associés, de fournir son contingent pour subvenir aux frais de construction, & aux autres charges relatives à la compagnie dont il est Membre.

Il est vrai encore que, par cette même acquisition, la propriété de M. de Beaulieu (le Canal achevé) peut lui procurer à perpétuité (ainsi qu'il est prouvé d'après le Mémoire fait par la compagnie en 1764) un revenu, au moins, de 30000 l. par an, & ce, pour les quatre parties d'intérêt dont M. de Beaulieu est devenu propriétaire, à raison de 8000 l. de bénéfice par chaque sol d'intérêt acheté.

La seconde chose qui suit de ces conventions, est que la vente a reçu sa consommation par la tradition réciproque des effets vendus, & du prix de la vente. Il est certain qu'entr'autres effets reçus par le sieur Floquet pour raison de cette vente, étoit une obligation de 30000 l. souscrite par M. de Beaulieu au profit du sieur Floquet.

C'est cette somme exigible de 30000 l., que le sieur Floquet a réellement donnée à M. de Beaulieu pour prix des 2700 l. de rente à neuf pour cent, mentionnées aux Actes de 1767, & placées sur des têtes sexagenaires.

Il n'est pas douteux que ces rentes ne doivent être acquittées, il n'y a aucune espece de prétexte qui puisse disculper M. de Beaulieu des engagemens qu'il a pris.

1°. Les Actes sont bons dans la forme.

2°. Il y a eu dans le fait, une tradition réelle de 30000 livres lors exigibles sur M. de Beaulieu.

3°. Ces 30000 l. étoient légitimement dues au sieur Floquet. C'est proprement dit, le *jactus retis* qu'avoit acheté M. de Beaulieu; on ne l'a point trompé sur cet objet: nulle garantie sur les événemens; il y a eu au contraire une preuve portée jusqu'à l'évidence, que M. de Beaulieu avoit une connoissance exacte, quand il a contracté, de la situation & de l'état lors actuel du Canal de Provence, & ce n'a été qu'en considération de cet état, que le sieur Floquet lui a cédé l'espérance d'un droit de 30000 l. de rente perpétuelle, pour 2700 l. viageres sur des têtes sexagenaires, autrement le contrat seroit odieux de la part de M. de Beaulieu, il seroit usuraire, idée que l'on doit absolument rejetter.

Il suit de ces observations qu'il n'y a point lieu à la restitution; qu'il n'y a pas même l'ombre de lésion; & il y en a si peu, que si le Canal vient à sa perfection, comme l'exécution en est démontrée physiquement possible, alors M. de Beaulieu, conservé dans tous ses droits, sera fondé, en vertu des titres de propriété qu'il a acquis à reclamer, les droits & les effets qui en résultent.

Ainsi nulle difficulté que le sieur Floquet ait le droit, comme il l'a soutenu lui-même, d'exiger de M. de Beaulieu les arrérages dus jusqu'à ce jour, & ceux à échoir à l'avenir, sur-tout M. de Beaulieu ayant déja reconnu lui-même la solidité des engagemens qu'il avoit contractés, les ayant déja exécutés. Enfin M. de Beaulieu ayant payé, en vertu de ces engagemens, les premiers arrérages qui y sont relatifs, il s'éleveroit une fin de non recevoir insurmontable contre la nouvelle prétention de ce débiteur du sieur Floquet.

A l'égard de la grosse du contrat de la rente qui concerne le sieur Floquet, & qui est entre les mains de Mrs. les Commissaires du Conseil, il n'est pas douteux que le sieur Floquet peut la demander aux Magistrats, à l'effet d'obtenir de son débiteur le payement des sommes qui lui sont dues. Il y a lieu de croire que les Magistrats déféreront à la demande du sieur Floquet, lorsque celui-ci leur aura exposé le fidele détail de ces faits.

Au surplus, le Conseil doit dire que si le sieur Floquet craint de fatiguer les Magistrats par ses sollicitations, il a le droit de lever une seconde grosse, en le faisant ordonner avec M. de Beaulieu, qui ne peut s'y refuser; mais comme en ce cas, on pourroit prétendre qu'il n'auroit d'hypotéque que du jour que cette seconde grosse seroit délivrée, il est plus expédient au sieur Floquet d'implorer la justice des Magistrats qui viendront indubitablement à son secours, & qui ordonneront la remise d'un titre sans lequel le sieur Floquet ne peut poursuivre le payement d'une créance qui lui est légitimement due.

Délibéré à Paris ce premier Septembre mil sept cent soixante-neuf. Signé, *PONTEAU*.

LE CONSEIL soussigné, qui a pris lecture du nouveau Mémoire du sieur Floquet contre M. de Beaulieu, & de la consultation du 1er. Semptembre 1769 qui est ensuite;

Ensemble du commandement fait à la Requête de la demoiselle Le Roi, le 6 Septembre 1769, à M. de Beaulieu de lui payer la partie des arrerages des rentes qui lui reste due, & de l'Arrêt de la Cour qui ordonne que toutes choses demeureront en état:

ESTIME qu'il n'est pas difficile d'obtenir l'exécution provisoire des titres de créance sur M. de Beaulieu; l'Arrêt est rendu sur Requête, & ne porte aucune atteinte aux droits des parties. Le Conseil persiste dans son avis du mois de Septembre dernier, & il ne doute nullement que la prétention de M. de Beaulieu ne soit des plus injustes.

L'article 12 de la Convention de 1743, les Actes de 1766, de 1767, & les conséquences odieuses qui résulteroient du plan de défense de M. de Beaulieu, tout s'éleve contre sa prétention actuelle.

Suivant l'article 12 de la convention de 1743, à laquelle s'est soumis M. de Beaulieu, il ne peut refuser le payement des sommes dont il est débiteur, & les motifs sont énoncés dans la teneur de cet article, note 5 de ce Mémoire.

Suivant les actes passés en 1766 & 1767, M. de Beaulieu ne peut se dispenser de satisfaire à ses engagemens, ainsi qu'il s'y est obligé par l'article 6 de l'acte du mois de Décembre 1766. » *Mais, tant alors que maintenant* (ce sont les termes d'une des clauses de cet acte), » *ni dans aucun temps, il ne dérogera* » *ni préjudiciera en quelque façon que ce soit, aux actes & con-* » *ventions de ce jour, que nous soussignés avons passés entre nous,* » *lesquels sont distincts & n'ont rien de commun avec le présent* » *acte de vente conditionnelle* ». Et l'on voit dans la suite de ce même acte, que ce n'est en aucune façon l'existence de la

Compagnie angloise, & les promesses flatteuses d'Agliani, au nom de cette Compagnie, qui ont déterminé le débiteur à tenir ses engagemens; on y remarque au contraire que l'on doutoit de la sincérité des promesses d'Agliani, & il est dit que » s'il arri- » voit que la Compagnie angloise *n'effectuât point ses promesses* » *envers la Compagnie actuelle du canal ou envers le sieur Floquet*, » *alors*, *&c.*

M. de Beaulieu peut d'autant moins se refuser au payement de sa dette, qu'il est prouvé par sa Lettre du mois de Mars 1769, que lui-même a négocié les effets dont il n'avoit acquis la propriété qu'au moyen des engagemens qu'il avoit contractés, & qu'il voudroit aujourd'hui ne point remplir.

D'ailleurs, les conséquences développées dans notre Consultation du mois de Septembre dernier, s'élevent encore contre la défense de M. de Beaulieu.

On pourroit assimiler cette défense à celle d'un homme, qui ayant acheté un billet dans une Loterie, voudroit n'en point payer la valeur avant d'être assuré s'il retirera le bénéfice qu'il en attend, pour ne payer le billet qu'en cas de succès, ou rendre l'effet, en cas de perte.

L'acte de vente du 18 Décembre 1766, porte qu'elle est faite par le sieur Floquet, » *sans autre garantie de sa part, que* » *celle que cet intérêt lui appartient, & qu'il ne l'a cédé à nul* » *autre*. Pour que les plaintes de M. de Beaulieu eussent quelque fondement, il faudroit que l'intérêt qui lui a été vendu n'eût pas appartenu au vendeur, ou qu'il l'eût déjà cédé à quelqu'autre.

Le sieur Floquet n'a point trompé l'acquéreur; il lui a vendu son droit; il le lui a garanti; ce droit existe, il est constant; l'entreprise même n'est point idéale: & si elle ne se suit pas avec l'activité qu'on pourroit desirer, ce n'est pas tant la faute du vendeur du droit en question, que des acquéreurs de ce droit, qui ne se servent point de la faculté qu'ils ont de mettre l'entreprise à fin.

Quoiqu'il en soit, on doit envisager ici tout le détail contenu au Mémoire, comme superflu pour la décision de la contestation. Le point à juger est la validité du titre exécutoire & passé devant Notaires. L'art. 2, du tit. 20 de l'Ordonnance de 1667, défend qu'il soit *reçu aucune preuve par témoins contre & outre le contenu aux Actes, ni sur ce qui seroit allégué avoir été dit avant, lors, ou depuis les Actes;* voilà la base du droit des créanciers de M. de Beaulieu; tout ce que renferme le Mémoire, ne peut être regardé que comme une déclaration qui est indivisible de sa nature, & cette déclaration ne peut nuire aux créanciers.

La demoiselle Le Roi, aujourd'hui propriétaire de la portion de rente qui la concerne, n'est nullement dans le cas de connoître & d'approfondir tous ces détails; elle n'a besoin ni d'y entrer, ni d'y défendre; son titre est clair, & M. de Beaulieu doit remplir les engagemens qu'il a contractés. Le Conseil est persuadé que sur la demande qui seroit formée afin de payement d'arrerages échus, la Cour ordonneroit provisoirement l'exécution des contrats dont il s'agit.

Délibéré à Paris ce deux Juin mil sept cent soixante-dix.

Signé *PONTEAU.*

PIECES

PIECES JUSTIFICATIVES,

A L'APPUI DU MÉMOIRE A CONSULTER.

Extrait du Mémoire de la Compagnie, du mois de Novemb. 1764.

L'exécution de ce Canal, (le Canal de Provence) paroiſſoit néanmoins ſujette à deux principales difficultés. Piéce citée en la premiere Note.

L'une conſiſtoit à établir la premiere lieue de ſon cours à côté, & ſouvent à travers d'un grand chemin qu'il falloit refaire, à meſure qu'on le détruiſoit : il falloit établir le canal au bas, ou ſur le penchant eſcarpé d'une haute montagne voiſine de la Durance : ces travaux exigeoient des dimenſions bien plus conſidérables que celles portées par le devis eſtimatif, dreſſé & imprimé d'après les reconnoiſſemens & opérations dont on a parlé plus haut : il fallut encore, d'après les nouvelles obſervations communiquées à l'ancienne compagnie, & qu'elle avoit adoptées, ſe livrer à divers ouvrages dont ce devis ne pouvoit faire mention.

Ces obſtacles ſont levés aujourd'hui, ces ouvrages diſpendieux & d'une exécution difficile, ſont achevés, ou peu s'en faut : les rochers dont la maſſe effrayoit les gens peu inſtruits ou trop prévenus, & qui ſembloient s'oppoſer à l'établiſſement du canal, ſont, les uns abattus, les autres creuſés ; & leurs déblais précipités dans la Durance, où ils forment une eſpéce de rempart de plus contre les crûes d'eau de cette riviere ; & ces travaux ſe ſont trouvés exécutés à moins de frais que ne l'imaginoient ces perſonnes peu inſtruites ou prevenues : ces crûes d'eau ont en outre procuré cet avantage, que les vannes n'étant point encore établies à la tête du canal, elles ont ſervi à vérifier la juſteſſe des niveaux pour les parties de ce canal qui ſont faites, ou trés-avancées.

L'autre difficulté, est la montagne qui sépare le territoire de Rognes de celui de Lambesc, à travers laquelle il faut ouvrir aux eaux du canal un passage souterrein. On convient que ce travail exige de grandes dépenses, & beaucoup plus de temps qu'il n'en faudroit, s'il s'agissoit d'établir une pareille longueur de canal à découvert & dans une situation convenable ; mais, à la différence près, que peut occasionner la nature de la fouille dans le canal souterrein, il est aisé de connoître d'avance le temps & les sommes qu'il faudra employer pour cette opération, en supposant, selon l'usage, cette fouille *en toute terre*, & ayant égard aux cas imprévus.

Si on calcule, d'après ces suppositions, & d'après celle que le travail sera uniforme, on peut dire que si l'on trouve un entrepreneur (& l'on en trouveroit mille) en état de percer, par exemple, une longueur de cinq cent toises, on est assuré qu'en y donnant le triple du tems & de l'argent, il en percera une de quinze cent toises. Il n'en étoit pas ainsi des ouvrages faits à la naissance du canal, & pendant la premiere lieue de son cours : chaque pas présentoit une difficulté nouvelle, & exigeoit un ouvrage nouveau. Si ces obstacles ont été surmontés sans peines, à plus forte raison pourra-t-on vaincre ceux que semble présenter d'abord le percement de la montagne dont il s'agit.

D'ailleurs, on pourroit éviter de pénétrer cette montagne & la tourner, en établissant un canal ouvert sur son penchant, & sur celui des montagnes contigues.

Mais plusieurs raisons doivent faire préférer le premier projet à celui-ci. 1°. Le canal souterrein sera aussi facile à construire, plus solide, & peut-être moins dispendieux que le canal ouvert. 2°. Celui-ci auroit infiniment plus de longueur, & exigeroit par conséquent beaucoup plus de frais d'entretien. 3°. Un troisieme motif fort supérieur aux deux précédens, est que le canal ouvert consommeroit & absorberoit une pente considérable : or la pente est un objet dont l'économie est ici bien plus importante que celle de l'argent : moins on distribuera de pente au lit du canal ; plus on aura de facilité pour la multiplication des arrosemens, & pour franchir les hauteurs, les ravines, & les autres inégalités qu'il doit rencontrer dans le reste de son cours, depuis la montagne qu'il faut percer, jusqu'à Aix & à Marseille.

La route que l'on a fait prendre au canal de Languedoc, avoit aussi ses inégalités ; M. de Basville, page 322 & suivantes de ses Mémoires, dit en parlant de ce canal : « Il » y eut trois grandes difficultés à vaincre, dans l'exécution » du canal ; la premiere, l'inégalité du terrein ; la seconde, » les montagnes qui se rencontrent dans la route ; & la » troisieme, les rivieres & les torrens qui venant à tra» verser ce canal en auroient interrompu le cours. On reme» dia à l'inégalité du terrein, par les écluses qui soutiennent » l'eau dans les descentes..... quant aux montagnes, on » les a entr'ouvertes ou percées..... on a pourvû à l'incom» modité des rivieres & des torrens, par le moyen des ponts » & des aqueducs, sur lesquels on a fait passer le canal, & » les rivieres ou torrens passent par-dessous..... »

Copie de divers endroits du plan d'arrangement ou convention de Juin 1743, portant cession d'intérêt dans le canal de Provence, citée en la quatrieme Note du Mémoire à consulter. Piéce citée en la quatrieme Note.

En qualité de Cessionnaire du privilege du Roi de faire construire le canal de Provence, & en celle d'Auteur de cette entreprise, le sieur Floquet est propriétaire de ce canal.... » Il a pu jusqu'à présent, & il pourra encore à l'avenir, don» ner à son projet les formes qu'il croira convenables pour » le faire réussir ; il pourroit même, s'il avoit des fonds

» suffisants, le faire exécuter à ses frais, & en être l'unique » propriétaire; mais comme pour une telle dépense, il doit » avoir recours à une compagnie de fournisseurs. . . . . Il » avoit toujours compté de céder une partie de la propriété » & du revenu du canal pour le faire construire, & quoique » cette partie n'ait jamais été fixée, on a toujours cru cependant que ce seroit environ la moitié, & que le restant » lui appartiendroit en propre, & seroit le profit qu'il retirera de l'exécution de son entreprise.

» Si le sieur Flocquet eut continué à faire les dépenses » qui doivent précéder, & accélerer la construction du canal, » tout le revenu qui n'auroit point été cedé aux fournisseurs, » lui auroit appartenu. . . . . . . mais parce qu'il n'étoit pas » assez riche pour faire seul ces frais préliminaires, il a pris » le parti de vendre & de ceder une partie de ce grand » profit à venir, & si l'on veut incertain, pour de modiques » sommes assurées dès aujourd'hui. . . . .

. . . .

» Mais comme l'on a depuis peu reconnu que ce seroit » donner un trop grand avantage que de ceder la moitié du » canal pour la construction, il a été déliberé, dans une » assemblée générale, tenue le 24 Mars 1743, que la pro» priété du canal ne seroit point divisée, & qu'elle appar» tiendroit entiérement au sieur Floquet, & par proportion » aux personnes auxquelles il a déja vendu, ou à celles aux» quelles il vendra encore à l'avenir, quelque participation » ou intérêt, ou à leurs ayans causes, sauf à M^rs^. les Pro» priétaires du canal de prendre la voie qu'ils trouveront » convenable pour avoir les fonds nécessaires pour la cons» truction des ouvrages. . . . .

. . . .

» La Compagnie du canal, ou des Propriétaires (ce qui

» eſt la même choſe) ſera compoſée des perſonnes auxquelles » le ſieur Floquet a cedé ou cedera quelque intérêt ou par» ticipation dans la propriété & le produit du canal de leur » ayant-cauſe & du ſieur Floquet lui-même : tout le canal » & ſon produit appartiendront à cette Compagnie à perpé» tuité, après en avoir déduit les avantages que l'on ſera » obligé de faire à ceux qui fourniront aux frais de la conſ» truction des ouvrages, & ce qu'il en coûtera pour l'entre» tien annuel du canal. . . . .

. . . .

» Les Membres de cette compagnie participeront encore » en même temps & de la même maniere dans les profits » que le ſieur Floquet feroit, ſi dans la ſuite il formoit » quelque compagnie, ou employoit quelque autre moyen, » pour contribuer à la conſtruction d'un pont ſur la Durance, » & à donner un lit à une partie du cours de cette riviere.

» Les ſommes que le ſieur Floquet a promis de compter » en conſidération du privilege qui lui a été cedé, feront » paſſées en dépenſe, & feront partie des frais de la conſ» truction du canal, de même que les appointemens des per» ſonnes qui ont été choiſies par l'aſſemblée du 24 Mars » 1743, & de celles qu'il ſera encore trouvé néceſſaire » d'employer pendant la conſtruction des ouvrages. . . . .

On a tranſcrit en la cinquieme note de ce Mémoire à conſulter, l'extrait de l'Article douzieme de la même convention & plan de 1743, qui prouve ſeul combien eſt injuſte la prétention de M. de Beaulieu, & combien eſt déplacée la queſtion que fait le public ; que ſont devenus les fonds qui ont été remis au ſieur Floquet, & autres, pour acquerir un intérêt dans l'entrepriſe dont il s'agit ?

Pour conſtater ces deux faits, ſans recourir à cet article

douzieme, on va rapporter, d'après des titres non moins respectables * les cinq principales conditions du marché entre les cédans & les cessionnaires d'un intérêt dans le projet du sieur Floquet.

Nature des arrangemens de M. Floquet pour former sa Compagnie.

» La qualité d'auteur du Canal & celle de cessionnaire du » privilege du Roi pour la dérivation des eaux de la Du- » rançe, a mis M. Floquet en droit de disposer à sa volonté » de ce privilege & de son projet, & de prendre à cet » effet, tel arrangement qu'il a jugé convenable ; il auroit » pu même, s'il avoit eu des fonds suffisants, faire exécuter » son entreprise, en retirer seul les revenus; mais comme » il n'étoit point assez riche pour fournir à une telle dé- » pense, ni assez ambitieux pour prétendre à devenir l'unique » propriétaire d'un Domaine aussi considérable, il a, ainsi » qu'il est dit en l'article troisieme des précédentes délibera- » tions du 18 d'Avril 1752, pris le parti de ceder & vendre » la plus grande partie de ses droits, sous les conditions » dont il est fait mention dans les registres de la Compagnie, » dans une convention imprimée en 1743, portant cession & » transport d'intérêt dans son projet & dans les autres accords » aussi relatifs au contenu desdits registres, qu'il a passés avec » ses cessionnaires, & dont on va rapporter les principales » conditions, après avoir dit que depuis l'année 1733, que » cet Ingénieur conçut le dessein de conduire une partie des » eaux de la Durance, à Aix & à Marseille, jusques en » l'année 1742 exclusivement, il n'a associé à son projet que

* Les pages 95 & suivantes de la seconde partie du Mémoire sommaire, pour servir d'instructions aux Intéressés au Canal, datée du 29 Mai 1752, mis à la suite & faisant partie des Délibérations de l'assemblée générale de la Compagnie, du 18 Avril 1752, approuvé par délibération de cette Compagnie du 22 Juin suivant; le tout imprimé en 135 pages.

» deux ſeules perſonnes, qui depuis longtemps n'y ont plus » aucun intérêt ; qu'il a fait ces aſſociations gratuitement » & ſucceſſivement ; que tous les droits de ces anciens Aſ- » ſociés ont été reduits à 137 mille 500 livres, qu'il eſt ſeul » chargé de payer , ainſi que le porte la déclaration qu'il » en a faite à la date du 15 de Septembre 1747 , qui » eſt celle d'une aſſemblée générale de la Compagnie dans » laquelle tout ce qui a quelque raport à ces deux anciennes » Aſſociations , eſt traité au long. . . . .

» Les cinq principales conditions des accords entre M. Flo- » quet & la plus grande partie de ſes ceſſionnaires pour les inté- » reſſer dans ſon projet ſont les ſuivantes :

» 1°. Que quoique les ceſſionnaires n'ayent compté à leur » cédant qu'une modique ſomme pour prix de leur acquiſition, » & qu'après l'exécution de ce projet , ou d'une partie, ils en » retirent de grands avantages, *ils jouiront néanmoins de ces » avantages quelques grands qu'ils ſoient, ſans que leur cédant » ait aucune indemnité à prétendre contr'eux à ce ſujet.*

» 2°. *Que dans quelque cas que ce fût , dans celui même où » pour quelque cauſe que ce pût être , aucune partie du projet » de M. Floquet n'auroit eu ſon exécution, ſes ceſſionnaires ne » pouvoient répéter contre leur cédant , le prix entr'eux con- » venu pour celui de leur acquiſition, ni demander aucune autre » indemnité à ce ſujet , attendu que les profits qu'il y avoit à » faire en cas de ſuccès, ſur le droit ou intérêt qu'ils avoient » acquis, faiſoit la compenſation & la valeur convenue dudit » prix , bien que par l'évenement il ne leur eût procuré aucun » avantage, ſeſdits ceſſionnaires n'ignorant point que s'ils ne » hazardoient rien dans un tel marché, ils ne pourroient équita- » blement prétendre les grands profits qu'ils eſpéroient de retirer » par la conſtruction du Canal.*

» L'objet de cet Ingénieur en cédant ainsi à l'avance, au » risque des acquéreurs, une partie du produit qu'il espéroit de » retirer par l'exécution de son projet, étoit de trouver par ce » moyen, celui de pouvoir, sans imprudence, donner tous ses » soins à ce projet, retirer des fonds suffisans pour se rembourser des grandes dépenses qu'il avoit faites à cette occasion, » rester, en cas d'inexécution de son entreprise, avec un revenu » honnête, qui pût compenser celui qu'il négligeoit en abandonnant sa profession *, & d'être enfin en état de subvenir aux frais » de nivellement, & autres qu'il devoit faire & qu'il a fait de » ses propres fonds jusqu'au 1er. Janvier 1749, & *desquels » il ne ponrra jamais demander son remboursement ni autre » indemnité.* Ce fut d'après l'examen du produit desdites associations & ventes d'intérêts, & après avoir eu égard aux » dépenses que ledit sieur Directeur général avoit faites relativement à ses accords avec ses associés, que la compagnie, dans » une assemblée générale tenue à Aix, le 16 Avril 1749, délibéra » de compenser ces dépenses avec le produit desdites associations » & ventes, & qu'à compter du 1er. Janvier de la même année, » cet Ingénieur ne seroit plus tenu de fournir à ces dépenses, » elle lui accorda même la gratification dont on aura peut-être » occasion de parler ci-après en remboursement de dépenses » qu'elle trouva qu'il avoit faites au-dessus de ses obligations » dans l'intervalle du 1er. Janvier au 16 Avril 1749.

» 3°. Qu'une partie des cessionnaires de M. Floquet ayant » préféré à la précédente condition, celle de ne rien hazarder » pour acquérir le droit d'association, leur cédant a convenu » avec eux, qu'ils ne lui payeroient ce prix, qu'à mesure qu'on » travaillera au Canal; & ce prix a été porté d'autant plus

* L'Architecture hydraulique ou la conduite des eaux.

haut,

» haut, qu'ils ne doivent courir aucun évènement à cette » occasion.

» 4°. Que les intéressés au Canal ne pourront être contraints » de payer en argent, que la somme convenue pour ledit droit » d'association & de participation dans le projet & dans la com- » pagnie, & que pour le contingent le concernant des frais des » régie, de ceux de construction, & tous autres généralement » qui regardent & qui pourront regarder cette compagnie, elle » ne pourra les obliger de les payer en argent, s'ils n'y consentent » volontairement, ni engager à cette occasion, leurs biens, » meubles, ni immeubles; mais qu'elle pourra seulement, » hypothéquer & aliéner telle partie qu'elle voudra de la pro- » priété & du produit du Canal, & conséquemment faire à » l'intérêt de chaque associé ou propriétaire qui n'aura pu ou » voulu payer ce contingent en argent, tel retranchement & » diminution qu'elle jugera nécessaire, & disposer ensuite comme » elle avisera, de la partie qui aura été retranchée, laquelle tien- » dra lieu dudit contingent en argent. . . . .

» Comme par la seconde des précédentes conditions, le » cessionnaire ou acquéreur couroit le risque de perdre le prix » de son acquisition, & que ce risque étoit d'autant plus grand, » que le projet dudit sieur Directeur général étoit moins deve- » loppé, & la compagnie des intéressés moins nombreuse, on » ne doit point être surpris si les trois ou quatre mille portions » d'intérêts, ou de droit d'association que cet Ingénieur a cédées » dans les tems qu'il a commencé à former ladite compagnie, & » que l'exécution de son entreprise étoit fort éloignée & très- » incertaine, l'ont été à un très-bas prix, & si celui qui a été » fixé aux trois mille intérêts, ou environ, qu'il a cédé ensuite, » quoique plus grand en général, a néanmoins été bien peu » considérable, puisque cette réussite, à la vérité beaucoup

I

» moins incètaine alors, pouvoit encore passer pour l'être. Ce » prix a ensuite augmenté à mesure que ce risque a dimi- » nué, & . . . .

EXTRAIT du Mémoire de la Compagnie, du mois de Novembre 1764, cité en la note 12.

Motifs qui ont obligé à remettre le nivellement définitif.

C'est cette différence entre les canaux ordinaires & celui dont il s'agit ici, qui a obligé l'ancienne & la nouvelle Compagnie du sieur Floquet à remettre, après que ce Canal auroit été achevé jusqu'au grand torrent de Joucques près de Peyrolles, le nivellement définitif de la route qu'il doit suivre, & autres opérations y rélatives. Deux principaux motifs ont engagé ces Compagnies à différer ces opérations.

Premier motif.

Le premier suffisamment développé dans les registres des délibérations de l'ancienne Compagnie, (Assemblées des 16 Juillet 1753, & 22 Septembre 1755. art. 3.) est fondé sur ce qu'il s'agit ici d'un Canal, dont les principaux articles de revenu ont pour base, la quantité d'eau qu'il recevra & dépensera; ensorte que plus cette dépense d'eau sera grande, plus le revenu du Canal sera grand aussi : il est donc important d'avoir beaucoup d'eau, & de sçavoir d'avance la quantité qu'on en aura.

Ces deux vérités n'ont jamais échappé à l'attention du sieur Floquet; mais il a senti en même-tems, que, vû la nature de ce Canal, il étoit d'une conséquence extrême de ne pas errer dans le calcul à faire, pour connoître d'avance cette quantité d'eau, que le Canal doit recevoir & dépenser pour fournir aux arrosemens, aux ventes d'eau en propriété, &c. C'est pourquoi ne voulant point s'en rapporter à ses propres lumieres, il proposa, ainsi qu'on le voit aux registres ci-dessus cités, de prendre l'avis de feu M. le Comte d'Alleman, ancien Ingénieur du Roi, & premier adjoint de l'Auteur du Canal à la direction des travaux; celui de son autre adjoint à la même direction, celui de ses coassociés dans son ancienne Compagnie qui seroient au fait de ces matieres, & pour comble d'éclaircissemens, enfin il conseilla de prier messieurs de l'académie royale des sciences, de vouloir bien faire part de leurs lumieres à cette occasion.

On ne se borna pas à ces précautions: il fut délibéré d'y joindre le résultat des expériences en grand que l'on peut faire sur divers courans, & l'on crut devoir préférer à tout autre, celui de l'eau du Canal même, dans l'intervalle qui est entre la prise de ses eaux dans la Durance, & le grand torrent de Joucques près de Peyrolles, c'est-à-dire, pendant les premieres 3250 toises de longueur du Canal.

C'étoit dans cette vue que l'on étoit convenu dans le tems, & que l'on convient encore aujourd'hui, de s'occuper d'abord de la construction de cette premiere & principale partie du Canal, puisque c'est sur le courant de ses eaux, que l'on doit faire les expériences, jauges & opérations nécessaires pour mesurer & connoître précisément la quantité moyenne qui sera reçue & dépensée par chaque minute, afin de ne déterminer qu'en pleine connoissance de cause, les dimensions à donner au reste du cours du Canal, & la distribution des pentes jusqu'à ses embouchures.

Pour ne pas risquer d'avoir à retoucher à cette premiere partie, on lui a donné en la commençant des dimensions suffisamment grandes, & une pente considérable.

En effet, si ayant beaucoup d'eau à employer, on ne donnoit qu'une médiocre pente au lit du Canal, & que pour compenser le peu de vîtesse, qu'auroit alors son courant, & conséquemment la moindre dépense d'eau, on lui donnât de trop grandes dimensions, sa construction seroit plus dispendieuse: si pour diminuer ces dimensions & ces frais, & pour avoir néanmoins la même eau à dépenser, on donnoit plus de vîtesse à son courant, au moyen d'une plus grande pente distribuée à son lit, alors il seroit soutenu à une moindre hauteur. Les arrosemens & ventes d'eau seroient d'autant moins considérables; & les parties de son cours, à travers des montagnes & hauteurs que l'on ne pourroit, ou que l'on croiroit ne point devoir contourner, deviendroient d'autant plus longues.

Il faut donc trouver un milieu, pour compenser toutes choses. Ce milieu sera sûrement indiqué par les expériences en grand sur la partie déja bien avancée du Canal, lorsqu'elle sera terminée au torrent de Joucques près Peyrolles, & les calculs faits d'après ces expériences, serviront à déterminer les dimensions & les pentes dans le reste du Canal, sans avoir à craindre les erreurs d'une fausse supposition.

Cartes du canal. Devis estimatifs.

Cependant la Compagnie ne peut souffrir de la remise du nivellement définitif. Celui-ci ne tend qu'à procurer une exécution plus parfaite; mais celui qui a été fait en 1742 & 1743, & d'après lequel a été levée la carte gravée du cours projetté du Canal jusqu'à Marseille, suffit pour tranquilliser la Compagnie; elle sçait que c'est d'après ce nivellement & d'après les autres opérations faites en même-tems, qu'a été dressé le devis estimatif imprimé des ouvrages, & un autre devis manuscrit du feu sieur Gerard, Architecte, lequel a été vérifié par le feu sieur Comte d'Alleman, Ingénieur du Roi. Toutes ces pieces sont conservées dans les archives de cette Compagnie: elles constatent une route certaine, connue & vérifiée, que l'on pourroit faire suivre au Canal, dont les frais de construction, suivant les dimensions portées par les devis, se montent à une somme pareillement connue & constatée d'avance, & que l'on a consultées ainsi que les estimations qui l'ont produite, avant que de fixer, comme on l'a fait ci-devant, à huit millions de livres les frais de construction du Canal.

D'ailleurs, le devis imprimé qui a en outre servi de regle à plus d'un entrepreneur pour l'estimation des travaux, prescrit le cours du Canal à travers la montagne de Rognes; & le devis manuscrit, dont on vient de parler, détermine le cours de ce Canal, sur le penchant de cette montagne, & sur celui des montagnes contigues: la Compagnie peut donc, après un plus mûr examen, se déterminer en connoissance de cause, à faire passer son Canal par l'une ou l'autre de ces deux routes.

On n'a pas tracé sur la carte le cours de la branche du Canal qui doit être tirée du bassin de partage, pour avoir son embouchure dans le Rhône, n'y ayant point encore de projet pour cette branche qui n'offre nulle difficulté pour la dépense, ni pour la construction.

Quand un Canal est uniquement destiné pour la navigation, quand il doit être nourri par des eaux ramassées & conservées dans des magasins & receptacles, tels que ceux qui nourrissent souvent une partie de l'année seulement divers canaux, alors on ne donne que très-peu ou point du tout de pente & d'inclinaison à ce Canal. On doit avant tout en tracer le cours définitivement; & d'après cette opération, dresser l'état de la dépense à faire pour le construire.

Mais le Canal commencé en Provence, est bien différent. La navigation n'est pas son unique objet de produit: il doit d'ailleurs être nourri par une grande riviere; & loin de pouvoir être regardé, ainsi que ceux dont on vient de parler, comme une sorte de magasin & de reservoir d'eaux, il aura pour aliment d'eau, non une masse dormante, mais un courant, dont la vitesse sera telle qu'il la faut, pour dépenser une quantité donnée d'eau. Il est vrai que la navigation en remontant en seroit un peu retardée; mais outre qu'elle feroit par la même raifon accélerée en defcendant, chaque toife de pente ou environ, ainfi repartie, épargneroit les frais de conftruction & d'entretien d'une éclufe.

Second motif. Un fecond motif, s'il falloit en joindre un au précédent, pour obliger la Compagnie du fieur Floquet à attendre que le Canal ait été porté au grand torrent de Joucques près de Peyrolles, avant que d'en faire le nivellement définitif, eft . . . .

Reconnoiffance & acquit que M. de Beaulieu remit à fon Cédant, en payement de l'intérêt d'un fol acquis le 18 Décemb. 1766.

» Je foufligné, reconnois que M. Floquet m'a payé tous les » Livres de l'Hiftoire naturelle, les coquilles, madrepores, & » autres curiofités concernant ladite Hiftoire, & qu'il en peut » difpofer à fa volonté, & qu'en conféquence je lui ai remis » la double clef du cabinet où tout ce que deffus eft compris. » Fait à Paris ce 18 Décembre 1766.

Signé, BOMBARDE DE BEAULIEU, *à l'original.* *

DECLARATION *de M. Gerard, Docteur en Medecine, fervant de Titre au fieur Floquet, pour réclamer environ cent volumes, que M. de Beaulieu lui doit encore pour entier payement dudit intérêt.*

» J'ai laiffé dans la chambre que j'occupois chez M. de Beau- » lieu environ une centaine de volumes, appartenans à M. Flo- » quet, ils font contenus dans cinq tablettes, qui font entrant » à droite. *Signé*, GERARD. A Paris, ce 9 Avril 1768.

---

* Cette Piece & la fuivante ont rapport à ce qui eft dit page 29 du Mémoire à confulter.

CESSION de M. Floquet à M. Bombarde de Beaulieu, d'un intérêt d'un sol dans la Compagnie du Canal de Provence *. 18 Décembre 1768.

Cession d'un intérêt d'un sol.

Je soussigné, Jean-André Floquet, Ingenieur, Auteur & Directeur général du Canal, projetté & commencé en Provence, Syndic perpétuel né de la nouvelle Compagnie, ou Compagnie actuelle de ce Canal, substituée aux droits, noms, raisons, actions & priviléges de l'ancienne, c'est-à-dire, aux droits de la Compagnie des Porteurs actuels des actions dudit Canal, en vertu & en conformité des actes passés entre ces deux Compagnies, devant Me. Theresse & son Confrere, Notaires à Paris, les 8 Août & 11 Décembre 1758, céde, vend & transporte, par la présente, dès maintenant & à toujours, à M. Bombarde de Beaulieu, aussi soussigné, ce acceptant, *sans autre garantie de ma part, que de celle de mes faits & promesses, consistant en ce qu'il m'appartient, & que je ne l'ai cédé à nul autre*, un intérêt d'un sol dans ladite nouvelle Compagnie dudit Canal, à prendre dans celui que j'ai encore dans les trente-huit sols, *faisant fonds*, qui sont sur ma tête, & font partie des deux cens seize sols dont ladite nouvelle ou actuelle Compagnie compose son intérêt total, suivant l'acte par elle passé devant le Notaire susnommé, le 2 Avril 1763, duquel acte, ainsi que du Mémoire que le corps syndical de madite nouvelle Compagnie a fait imprimer en Novembre 1764, mondit sieur Cessionnaire a pris communication, ainsi que des délibérations de cette Compagnie, des 4, 9 & 16 du mois d'Avril 1764, portant que ceux des co-Associés, qui ne satisferoient point à l'imposition de deux mille sept cens livres par sol, dont il y est parlé, seroient déchus, & perdroient l'intérêt pour lequel ils n'auroient pas satisfaits à ladite contribution; &

* Cet acte est cité en la septieme ligne de la page 30 du Mémoire à consulter.

comme il est convenu avec mondit sieur Cessionnaire, qu'il ne courroit point un tel événement, je déclare, que l'intérêt que je lui transporte est pris & fait partie de celui de vingt sols pour lequel j'ai satisfait à ladite contribution de deux mille sept cens livres par sol, en reprise sur ladite Compagnie, le 24 Mai 1764; ensorte que si, ainsi que l'on est, ce semble, suffisamment fondé à le croire, cette contribution n'avoit pas lieu, faute par une partie des co-Associés d'y satisfaire, ou par les changemens que peuvent occasionner les offres de la Compagnie étrangère qui ont été reçues le 24 Septembre dernier, & communiquées à mondit sieur Cessionnaire, en ce cas, je serois débiteur envers lui du montant le concernant de ladite contribution de deux mille sept cens livres par sol, lequel montant je serois tenu, ainsi que je le promets, & m'y oblige par la présente, de lui payer sans intérêt, six mois après & non auparavant, sous quelque prétexte que ce pût être, que madite Compagnie actuelle, soit seule, soit conjointement avec ladite Compagnie étrangère, ou tout autre que je pourrois lui joindre, auroit fait construire le canal jusqu'au terroir d'Aix.

Je fais la présente cession dudit intérêt d'un sol, pour & moyennant le prix dont je suis convenu avec M. de Beaulieu, lequel prix je reconnois avoir reçu, & dont quittance. Fait double, à Paris ce 18 Décembre 1766. *Signé*, *&c.*

Premier Mars 1767.

CESSION d'un intérêt de 3 sols au bas de la précédente.

Cession d'un intérêt de 3 sols.

Je soussigné, céde & transporte encore à M. de Beaulieu, aussi soussigné, ce acceptant, aussi sans autre garantie de ma part, que celle qu'il m'appartient, un intérêt de trois sols dans les trente-huit, dont le sol de ma cession du 18 Décembre dernier fait partie, au moyen de quoi mondit sieur Cessionnaire a dès maintenant un intérêt de quatre sols dans mon entreprise, moyennant

moyennant le prix dont je suis convenu, que je déclare avoir reçu, & dont quittance; m'obligeant cependant de relever M. de Beaulieu du retranchement que sondit intérêt pourroit subir, & auquel les autres co-Associés seront soumis en conformité des délibérations que ma Compagnie doit prendre dans peu à ce sujet.

La présente fait double, à Paris le premier Mars 1767.

DÉCLARATION de M. de Beaulieu à M. Floquet, en remettant à ce dernier les cessions ci-dessus, & en recevant en échange quatre nouveaux Titres d'un sol chacun. 20 Juin 1767.

Je reconnois qu'en échange du présent titre, & en exécution des délibérations de la troisiéme Compagnie dudit Canal, M. Floquet m'a remis quatre nouveaux titres de propriété d'un sol chacun dans ladite Compagnie, sous les numeros 101, 102, 103, 104, signés par lui, par M. Agliani, par M. Duputel, & par M. du Valguier; ensorte que ce sera à moi à les faire signer par M. de Boullemen, Trésorier général, & d'en remplir le nom, qui est en blanc, comme j'aviserai bon être. Fait à Paris ce 20 Juin 1767. Reconnoissance de M. de Beaulieu ou liquidation de son intérêt.

Signé, BOMBARDE DE BEAULIEU.

EXTRAIT de diverses Délibérations qui ordonnent le retranchement d'intérêts dont il est fait mention dans le Mémoire à consulter. (pages 37 & 38).

EXTRAIT des troisiéme & dixiéme Articles de la Délibération du 26 Mars 1767.

Il est dit par l'article troisième, que le Caissier général ne délivrera les titres de propriété dans l'entreprise que sur le mandement du ſieur Floquet, Auteur du Canal, & originairement ſeul Propriétaire de l'intérêt total, attendu que chaque Porteur actuel d'intérêt doit néceſſairement échanger & remettre ſon titre actuel au ſieur Floquet, en échange du mandement, qui, ſeul, lui donnera le droit de demander de nouveaux titres; que ledit ſieur Floquet ne lui délivrera, qu'en faiſant à ſon intérêt le retranchement que le corps ſyndical reglera dans ſes prochaines aſſemblées, & duquel il a été parlé dans les précédentes délibérations.

Ce mandement ne ſera d'ailleurs délivré à ce Porteur de titre actuel, qu'après qu'il aura prouvé à l'Auteur du Canal, que l'intérêt qui fait l'objet de ſondit titre, lui appartient légitimement, qu'il le tient, ſi ce n'eſt du ſieur Floquet lui-même, d'un autre co-Aſſocié qui a eu le droit d'en diſpoſer, & enfin qu'il a ſatisfait au contingent le concernant des impoſitions que la ſeconde compagnie a été obligée de mettre ſur chaque ſol d'intérêt, pour ſubvenir aux dépenſes préliminaires, leſquelles impoſitions ſont diſtinctes de celle de deux mille ſept cens livres par ſol, ordonnée par les délibérations des 4, 9 & 16 Avril 1764, qui n'a pu avoir lieu, faute, par le plus grand nombre des co-Aſſociés, d'y avoir ſatisfait.

Par l'article 10, l'aſſemblée délibère, que M. Floquet, en liquidant & échangeant les titres & ceſſions d'intérêts des co-aſſociés actuels contre ſes mandemens, qu'il leur délivrera en conformité dudit article troiſième, aura la faculté de faire à ceux deſdits co-aſſociés qu'il jugera à propos, la diminution qu'il trouvera convenable ſur le retranchement que le corps ſyndical de la troiſième Compagnie ordonnera inceſſamment, rien n'étant plus juſte que de mettre une différence entre ceux des co-aſſociés qui ont acquis pour rien, ou pour peu de choſe, l'intérêt qu'ils ont au Canal, & ceux qui ont acheté à des prix avantageux aux Cédans.

Extrait des deuxième & quatrième Articles des Délibérations, du 23 Avril 1767.

Par l'article 2, il est dit, que les nouveaux titres seront remis au Caissier général de la Compagnie, qui, en les délivrant aux Porteurs des mandemens de l'auteur du Canal, observera ce qui aura été prescrit par les délibérations.

Il est délibéré par l'article quatrième, que les Porteurs de titres actuels, qui seront reconnus Propriétaires légitimes d'un intérêt au Canal, pourront faire l'échange de leurs titres actuels, contre les mandemens de l'auteur de l'entreprise, pour avoir ensuite, & sans retardement, de nouveaux titres: l'assemblée, après suffisante réflexion, délibére que, le retranchement qu'il est indispensable de faire à l'intérêt de chaque co-associé, sera de la moitié, ensorte que le Propriétaire légitime d'un intérêt de quatre sols par exemple, échangera son titre actuel, contre un mandement que l'auteur du Canal lui délivrera pour retirer du Caissier de la Compagnie, deux nouveaux titres d'un sol chacun.

Que ce retranchement ne pourra avoir lieu à l'égard de l'intérêt de cinquante-six sols, acquis par la Compagnie Angloise, non plus qu'à l'égard des intérêts qui auront été cédés gratuitement dans les années 1766 & 1767, pour assurer le succès de l'entreprise, ni à l'égard de l'intérêt de deux sols, exempt de tous appels, appartenant au sieur Floquet; il n'aura pas lieu non plus à l'égard de quelques-uns des co-associés, & il ne l'aura qu'en partie à l'égard de quelques autres que l'auteur du Canal jugera devoir être dans ce cas favorable, &c.

ACTE passé entre M. de Beaulieu & M. Floquet, le 18 Décembre 1766, (cité aux pages 39 & 40 du Mémoire à consulter, & en la vingt-unième note, ainsi que les deux suivans) portant vente conditionnelle d'une maison au profit de ce dernier.

Nous soussignés Pierre-Paul Bombarde de Beaulieu, Conseiller du Roi honoraire en son grand Conseil, Baron de Montesquiou, Seigneur d'Oson, Valentes, Meillan, & autres lieux, demeurant à Paris, rue d'Enfer, Paroisse Saint Jacques-du-haut-Pas, d'une part;

Et Jean-André Floquet, Ingénieur, Auteur & Directeur général du Canal de Provence, demeurant à Paris, rue des Moulins, Paroisse S. Roch, d'autre part.

Après avoir de nouveau pris communication des pieces & titres qui établissent & font connoître l'état actuel de ladite entreprise du Canal commencé en Provence, après avoir mûrement reflechi sur la teneur des offres, de se charger de la construction de ce Canal, jusques à la mer près de Marseille, datées du 22 Août dernier 1766, & signées par M. Agliani, agissant & representant une Compagnie Angloise, qui s'engage de faire pour cette construction l'avance des fonds nécessaires, moyennant quatre millions huit cent mille livres, qui lui seront payées au moyen & par le seul produit & revenu dudit Canal, en conformité du contenu auxdites offres; après avoir observé qu'il est dit par l'art. 9 de ces offres, que ladite Compagnie angloise abandonne & délaisse au profit dudit sieur Floquet, le 5 pour cent desdits quatre millions huit cent mille livres qui devront lui être payés, ainsi qu'on l'a dit; ensorte qu'elle lui fait par ce moyen, un don & gratification de deux cent quarante mille livres; Après avoir relu avec attention, le contenu aux propositions

& délibérations du 24 Septembre dernier, portant acceptation desdites offres, prises dans un commité des Sindics dudit Canal, tenu à cette occasion chez ledit sieur Floquet ; après avoir lu avec soin aussi la délibération & déclaration des Sindics composant un pareil commité, le premier du présent mois de Décembre ; en constatant par écrit, que ledit sieur Floquet n'a jamais voulu ni entendu accepter à son profit ledit don de deux cent quarante mille livres, à lui fait par ladite Compagnie angloise, suivant l'art. 9 des offres du 22 Août dernier, ci-dessus citées : & après avoir enfin mondit sieur de Beaulieu paraphé *ne varietur* lesdites trois pieces, c'est-à-dire lesdites offres, la délibération qui les accepte & la déclaration portant refus de la part dudit sieur Floquet dudit don de deux cent quarante mille livres, sommes convenus de ce qui suit :

SÇAVOIR.

Que moi Floquet, en ma qualité de Directeur général dudit Canal, & conséquemment en celle de chargé conjointement avec les adjoints que la Compagnie de ce Canal me donnera de l'examen & reception des ouvrages, ne pouvant ni ne devant accepter à mon profit le don de deux cent quarante mille livres que la Compagnie angloise entend me faire en conformité & aux conditions portées par l'art. 9 de sesdites offres, & ne pouvant ni ne devant non plus, par les raisons alleguées dans la délibération & déclaration du premier de ce mois, dont il est parlé ci-devant & pour divers autres motifs, laisser au profit de la Compagnie angloise cette somme, ne devant pas même, pour l'intérêt de mon entreprise, lui apprendre aujourd'hui le refus que je fais de l'accepter, ai regardé comme un moyen propre pour concilier & remplir ces différens objets, d'accepter ce don, & de le deftiner & appliquer au profit de la troisieme Compagnie dudit Canal, qui va être composée de ma Compagnie actuelle & de la Compagnie angloise, en acquerant pour elle, & lui en faisant don en perpetuité, ainsi que je le fais par la présente & que je ferai en plus due forme après, ou par le nouvel acte de société que la Compagnie angloise exige que l'on substitue à celui du 2 Avril 1763, un Hôtel à Paris, au frontispice duquel sera écrit, *Hôtel de la Compagnie des Propriétaires du Canal Royal de Provence*, dans lequel Hôtel sera établi à perpetuité le bureau général de madite troisieme Compagnie, sous la réserve néanmoins, autant pour mon avantage personnel que pour être plus à portée de veiller sur ceux de madite Compagnie, que pendant ma vie & celle de mon épouse j'y aurai un logement tel que je le trouverai convenable pour moi, mon épouse, mes domestiques, mon bureau particulier, après toute fois avoir destiné pour ledit bureau général, pour les archives & la caisse de madite Compagnie, suivant les circonstances, les pieces & emplacemens que je croirai nécessaires, ensorte que le tout présente un bureau digne & assortissant à la grandeur & à l'importance de l'entreprise dudit Canal, & s'il étoit possible, au desir ardent que j'ai de la voir enfin réussir; j'ai cru que la maison que M. de Beaulieu a, sise rue de l'Université au coin de celle du Bacq, pouvoit remplir mes vues, & c'est en conséquence que j'ai proposé & que je propose à mondit sieur de Beaulieu de vouloir bien me la céder & vendre.

Après avoir réflechi sur la proposition que M. Floquet vient de me faire, & après avoir reconnu qu'il étoit avantageux pour lui & pour moi de ne pas la rejetter, je déclare l'accepter, au moyen de quoi, & en conséquence de cette acceptation, je lui vends, céde & transporte dès maintenant & à toujours pour lui, ses Héritiers, ou ayant cause, madite maison, jardin & dépendances, ſiſe rue de l'Univerſité, au coin de la rue du Bacq, pour en jouir & diſpoſer comme de choſe à lui appartenante & qui lui appartient en vertu des préſentes & aux conditions ſuivantes.

1°. Que le prix de ladite maiſon, jardin & dépendances, celui des glaces, deſſus de porte, bras & feux de cheminée, biblioteques, armoires, tablettes, boiſerie généralement quelconque, meubles reſtans dans l'office & la cuiſine, poële deſtiné pour échauffer toute la maiſon avec ſes appartenances & dépendances, doubles tringles aux fenêtres & celles qui ſe trouvent aux portes, montant, ſçavoir pour la maiſon & jardin, à la ſomme de cent cinquante mille livres, & cinquante mille livres pour la totalité des effets cédés & ci-deſſus expliqués; plus deux mille quatre cent livres pour d'autres effets pareillement cédés.

2°. Que l'intérêt annuel de ladite ſomme de deux cent deux mille quatre cent livres me ſera payée à raiſon du denier 25, à compter du premier Janvier prochain 1767, juſques à ce que j'aie été payé du principal, en diminuant néanmoins ces intérêts à proportion des à comptes qui me ſeront faits ſur & en déduction dudit principal.

3°. Tant le payement de cette ſomme principale fixée à deux cent deux mille quatre cent livres, que celui deſdits intérêts, ſeront pris dans les deux cent quarante mille livres, & non ailleurs, que ledit ſieur Floquet doit recevoir en exécution du contenu audit article 9 des offres du 22 Août dernier ſuſmentionnés, ledit ſieur Floquet, ainſi qu'il le déclare par la préſente, me ſubrogeant à cet effet, en ſon lieu & place, & me tranſportant tous ſes droits, noms & actions, pour en faire faire le recouvrement & juſqu'à l'entier payement dudit principal & intérêts; ladite maiſon, jardin & dépendances que je vends & aliene audit ſieur Floquet, reſteront affectés & hypothequés par privilege & préférence à mon profit & pour mon aſſurance.

4°. Si contre toute apparence il arrivoit que la Compagnie angloiſe n'effectuât point ſes promeſſes envers la Compagnie actuelle dudit Canal, ou envers leditſieur Floquet, alors la vente dont il s'agit, ainſi que le préſent acte dont elle fait l'objet, demeureroient nuls & pour non faits, & ſi ladite Compagnie ne les effectuoit qu'en partie, le ſieur Floquet & ayant cauſe n'auroient droit dans ladite vente que proportionnellement aux ſommes que j'aurois reçues à compte du principal, me reſervant alors, c'eſt-à-dire, dans le cas où je n'aurois été payé qu'en partie dudit principal, & que je ſerois fondé à craindre de ne l'être pas de la partie reſtante, le droit de rendre ſans intérêts audit Acquereur, la ſomme reçue, après m'être payé des arrérages échus, & dès lors je rentrerois dans mes droits en entier.

5°. Comme il paroît naturel de laiſſer écouler un eſpace de tems, pour être plus certain que la Compagnie angloiſe fera honneur aux engagemens que M. Agliani a pris pour elle envers la Compagnie actuelle dudit Canal, je donne à cet effet, juſqu'au premier Mars prochain 1767 excluſivement, enſorte que juſqu'à cette époque je ne pourrai diſpoſer de madite maiſon & dépendances au préjudice des préſentes, quoique je conſente & entende que ledit ſieur Floquet puiſſe dès aujourd'hui & pendant le même eſpace de tems, agir & uſer du rez de chauſſée de ladite maiſon, à quoi moi Floquet conſens & le promets, en acceptant ainſi que je déclare accepter cette clauſe & conditions & celles que vient de propoſer d'ailleurs M. de Beaulieu.

6°. Ce ſera après que l'on aura ladite plus grande certitude que la Compagnie angloiſe remplira ſeſdits engagemens que le le présent acte sera rédigé en acte devant Notaire; mais tant alors que maintenant, ni dans aucun tems, il ne dérogera ni ne préjudiciera en quelque façon que ce soit, aux actes & conventions de ce jour, que nous soussignés avons passé entre nous, lesquelles sont distinctes & n'ont rien de commun avec le présent acte de vente conditionnelle.

Fait double entre nous, à Paris ce 18 Décembre 1766.

Signés, BOMBARDE DE BEAULIEU, FLOQUET.

COPIE de l'Article deuxieme de la délibération de l'Assemblée des Intéressés au Canal de Provence, du 2 Mars 1767. *

Ayant égard en même tems à la teneur de l'article 9 desdites offres, portant promesse de la part de la Compagnie angloise, de faire audit Sr Directeur-général, (le sieur Floquet) un avantage de 240 mille livres, & sachant d'ailleurs que cet Ingénieur ne consentit le 18 Décembre dernier, à accepter ce don, que dans la vue de l'employer à l'acquisition d'un Hôtel d'environ 200 mille livres qu'il donnoit à la troisieme Compagnie, pour y établir à perpétuité son Bureau général, ainsi qu'il est dit par l'acte sous signature privée d'acquisition dudit Hôtel, dont le Corps Syndical a pris communication; mais comme il paroît par ledit article 9, que la Compagnie angloise, voulant reconnoître les soins que M. Daran s'étoit donnés pour assurer des fonds pour la construction du Canal, lui avoit premiérement offert le même avantage, & que ce ne fut que parce qu'il déclara les refuser pour avoir occasion d'inspirer lui-même l'idée de les

---

* Voyez pour cet article du 2 Mars, pour l'acte ci-après, du 10 du même mois, & pour les ratifications à cette derniere date, la vingt-uniéme note du Mémoire à consulter (pag. 40.)

offrir à l'Auteur du Canal, cet Ingénieur a cru devoir les refuser aussi, moins pour le motif qu'on vient d'alléguer que par celui bien plus puissant encore, qu'en sa qualité d'Auteur & de Directeur né des ouvrages du Canal, il ne devoit point accepter à son profit particulier, un tel présent de la part d'une Compagnie qui est chargée de leur exécution, surquoi l'Assemblée observe qu'elle n'est entrée dans les précédens détails, que pour avoir occasion de dire, qu'elle doit un remerciment à M. Floquet, de ce que, quoique cet Ingénieur se propose d'abandonner au profit de M. Daran, ledit Hôtel situé fauxbourg S. Germain, rue de l'Université, près celle du Bacq, ce sera néanmoins sous la condition, entr'autres, que pendant la vie de lui sieur Floquet, le Bureau général de la troisieme Compagnie sera établi dans ledit Hôtel, sans qu'à cette occasion cette Compagnie ait aucun loyer à payer pendant ledit tems.

CONVENTIONS & Acte passés entre M. Floquet & M. Daran, le 10 Mars 1767, portant cession, don & transport au profit de ce dernier, de la Maison qui fait l'objet des Conventions du 28 Décembre 1766, dont copie est ci-devant. (pag. 76.)

Je soussigné Jean-André Floquet Ingénieur, ayant communiqué à M. de Beaulieu les délibérations que la seconde Compagnie du Canal de Provence a prise dans son Assemblée du deux du présent mois de Mars, dont copie du second article est ci-dessus au bas de la copie de l'Acte sous seing privé que j'ai passé avec mondit sieur de Beaulieu, le 18 Décembre dernier, pour acquérir, & la donner à ma troisieme Compagnie dudit Canal, la maison qu'il avoit sise rue de l'Université, & à appliquer à cette acquisition les deux cents quarante mille livres que la Compagnie angloise veut me donner & que je n'ai pas cru devoir accepter à mon profit particulier, par les raisons entr'autres, qu'en ma qualité de Directeur général né des ouvrages dudit Canal, je ne dois point recevoir de tels présens de la part de ceux qui sont chargés de leur construction, & parce que cette Compagnie angloise avoit cru pouvoir auparavant offrir ce don à M. Jacques Daran Ecuyer, Chirurgien du Roi, servant par quartier, avec moi soussigné, en reconnoissance, disoit-elle, des soins qu'il s'étoit donné pour commencer à la former, & attendu que M. Daran en la refusant, lui inspira de me l'offrir, à ces deux motifs, dont le premier est seul trop suffisant pour m'obliger à ne pas accepter un tel avantage, j'ai joint celui de vouloir moi-même, donner à M. Daran des preuves de ma reconnoissance * de ce qu'en procurant à ma seconde Compagnie les secours dont elle avoit besoin, & qu'elle trouve par sa réunion avec la Compagnie angloise, il rend à mon entreprise, à mes Coassociés, à lui & à moi un service réel; c'est pour remplir cet objet, & pour avoir égard aux soins qu'il a pris, & aux dépenses qu'il est naturel de croire qu'il a faites pour assurer le succès de l'importante négociation que son zele pour la réussite du Canal, & son intérêt particulier l'avoient engagé à entreprendre, que j'ai consenti avec plaisir à convenir avec lui ainsi que s'ensuit.

SÇAVOIR.

1°. En considération & pour les motifs sus allegués, je mets

* Il est inutile de faire appercevoir que la reconnoissance du sieur Floquet n'étoit fondée que sur la bonne foi dans laquelle il étoit, avant que la suite l'ait détrompé sur la Compagnie angloise, & que le temps lui ait appris qu'elle avoit été encore dans cette circonstance, la conduite du sieur Daran. On trouve ici la preuve que le sieur Floquet, dupe lui-même d'Agliani, n'a jamais trempé dans les manœuvres de cet avanturier & de ses complices. Le Mémoire annoncé ci-devant donnera des détails singuliers à ce sujet.

& subroge dès maintenant & à toujours, M. Daran ce acceptant, sans néanmoins aucune garantie de ma part, dans les droits & actions que je pourrois exercer en vertu de l'Acte du 18 Décembre 1766, transcrit à la tête des présentes (Voir cet acte pag. 76) & de l'art. 9, cité dans celui de la délibération du 2 du présent mois, dont copie est ci-dessus, des offres que la Compagnie angloise a faites le 22 Août 1766, de se charger de la construction dudit Canal jusques à la mer, & qui ont été acceptées le 24 Septembre suivant.

2°. Au moyen des présentes, ledit sieur Daran peut, dès le moment que mondit sieur de Beaulieu les aura approuvées, aller habiter & occuper ladite maison que j'ai acquise le 18 Décembre dernier, comme s'il en avoit lui-même fait l'acquisition;* la lui cédant & transportant dès maintenant, pour en jouir & disposer, ses successeurs, & ayant-cause, à son plaisir & volonté, à la charge toutefois, d'en payer à M. de Beaulieu le prix convenu par lesdites Conventions & Actes du 18 Décembre 1766, & sous la condition enfin qu'il remplira à mon acquit & décharge, tous les engagemens que j'ai contractés envers mondit sieur de Beaulieu, contenus & énoncés audit Acte d'acquisition du 18 Décembre 1766; & qu'outre qu'il lui en fera toucher le prix convenu & les intérêts jusqu'à parfait payement, sur les deux cent quarante mille livres que j'ai destinées à ladite acquisition, il sera tenu, & il le promet & s'y oblige, de me relever & garantir de tout ce que ladite Compagnie angloise pourroit prétendre & répéter contre moi, à l'occasion de ce qu'au lieu d'accepter simplement à mon profit ladite somme qu'elle veut bien m'offrir, j'en ai fait la destination qui fait l'objet des présentes, ou pour tout autre motif que ce fût ou pût être.

* Le sieur Daran fut dans le même mois de Mars habiter cette maison; il y seroit encore, si son informe Compagnie angloise & son ami Agliani avoient été tels qu'il les avoit annoncés.

3°. Je fais la présente cession & transport, sous la condition encore que pendant ma vie, ma troisieme Compagnie dudit Canal, composée de madite seconde Compagnie & de ladite Compagnie angloise, aura gratuitement son bureau général, & moi mon bureau particulier, établi dans le rez-de-chaussée de ladite maison : le tout en conformité des conventions que je dois passer à ce sujet avec ledit sieur Daran.

4°. Moi soussigné Jacques Daran, accepte promets & m'oblige, de remplir & exécuter toutes les conditions sus-énoncées, & celles dont il est fait mention ci-après, consistant, en ce que pour compenser, avoir égard & dédommager M. Floquet de ce qu'en considération des présentes, il renonce en ma faveur, à la reserve qu'il s'étoit faite par ledit Acte du 18 Décembre 1766, d'avoir dans ladite maison, sa vie durant & celle de Madame son épouse, un logement tel qu'il jugeroit convenable, & en considération encore qu'en reconnoissance de ce que j'ai été le seul de ses associés qui ait eu le bonheur de lui procurer des fournisseurs pour l'exécution de son entreprise, il a consenti à reduire à cent mille livres, plus grande somme que je lui devois, je promets & m'oblige à contribuer pour la somme fixe de quarante mille livres dans l'acquisition qu'il veut faire à Paris, d'une maison, de ville ou de campagne; m'engageant à cet effet, à lui faire cautionner ladite somme de quarante mille livres, par personnes très-solvables; ensorte qu'il puisse l'employer à sadite acquisition projettée, dès qu'il en aura l'occasion; mais arrivant qu'il ne l'ait pas dans le courant de la présente année, ladite caution sera obligée de la lui compter à mon acquit dès le 1er. Janvier prochain, à quoi elle s'obligera en due forme par son Acte de cautionnement, qui sera passé huit jours après que j'aurai commencé à loger dans ladite maison.

5°. Pour prévenir enfin toute difficulté, je consens & m'oblige ; à annuller les présentes si je manque à remplir ladite condition & autres sus-mentionnées, ensorte que dès-lors ledit sieur Floquet rentreroit dans les droits qu'il me cede & abandonne, sans qu'à cette occasion j'eusse aucune demande à lui faire, ni répétition à exercer contre lui, sous quelque prétexte que ce fût ou pût être ; restant tenu au contraire de le relever de toutes les demandes & prétentions fondées que M. de Beaulieu croiroit pouvoir alors former contre lui & contre moi, & c'est pour prévenir dès aujourd'hui celles qui se présentent d'abord, dans la supposition que la Compagnie angloise (ce qui n'est point à craindre) * manquât d'exactitude de payer chaque année à mondit sieur de Beaulieu, l'intérêt des deux cent deux mille quatre cent livres, prix fixé à ladite maison, & ce à compter du 1er. Janvier de la présente année, ayant même remboursé audit sieur Floquet ce qu'il vient de payer au portier de la même maison pour les deux mois & plus qui se sont écoulés depuis cette époque, attendu que nous sommes convenus que depuis lors, ce portier est à ma charge.

La présente faite triple à Paris le dix Mars 1767, dont une pour remettre à mondit sieur de Beaulieu, & les deux autres pour nous. *Signés*, FLOQUET, DARAN.

Ratification du Sieur Agliani.

Je soussigné, ayant pris communication des conventions ci-dessus entre MM. Floquet & Daran, & des pieces y relatives, déclare en approuver & ratifier le contenu, promettant en outre & en tant que besoin seroit, de payer les deux cent quarante

---

* C'est le sieur Daran qui avance cette assertion (*Ce qui n'est point à craindre*)

mille livres y énoncées, & ce, dans le tems & de la maniere, portée par l'art. 9, des offres de la Compagnie angloise, du 22 Août dernier. FAIT à Paris le 10 Mars 1767.

Signé, J. A. AGLIANI, *au nom de la Compagnie angloise.*

Ratification de M. de Beaulieu.

Je soussigné, après avoir pris communication des conventions ci-dessus faites entre M. Floquet & M. Daran, déclare y donner les mains & y consentir, à condition qu'en supposant qu'il y ait des retards dans les opérations du Canal pour le conduire au bassin de partage, tems auquel la Compagnie angloise doit retirer environ quinze cent mille livres, sur laquelle somme il doit revenir à M. Floquet, & conséquemment à moi, le cinq pour cent de ladite somme, produisant soixante & quinze mille livres ; les arrérages qui auront couru depuis le 1er. Janvier 1767, seront imputés sur ladite somme, & que le restant me sera donné à compte du principal, & ainsi jusqu'à parfait payement ; & dans le cas où les arrérages seroient tels, qu'avec le principal ils excedassent les deux cent quarante mille livres, ce seroit audit sieur Daran, & à son défaut audit sieur Floquet, à en payer le surplus ; à quoi ils consentent & s'engagent, & ont signé avec moi. A Paris ce 10 Mars 1767.

Signés, BOMBARDE DE BEAULIEU, FLOQUET, DARAN.

EXTRAIT

EXTRAIT DU RAPPORT

Qui a été fait à l'Assemblée générale de la Compagnie actuelle du Canal de Provence, le 3 Avril 1769: cet extrait, annoncé en la 7e. note (page 13) du Mémoire à consulter, contient une partie des preuves du désintéressement & des sacrifices qu'a faits le sieur Floquet au profit des deux Compagnies du Canal, pour accélérer le succès de cette entreprise.

7° . . . .

Après avoir dit (page 9 de la Délibération imprimée du 18 Avril 1752, dont chaque Co-associé a un Exemplaire) qu'il convenoit d'établir une bonne administration, & de ne la confier qu'à des personnes dont la probité & l'intelligence fussent reconnues, ledit Sr Directeur (le Sr Floquet) propose de supprimer divers emplois, & deretrancher aux appointem ens de ceux qui seroient conservés & afin que personne ne pût se plaindre, il en donne l'exemple, à l'égard de ses appointemens, quoiqu'on dût moins les regarder comme tels, que comme une reserve qu'il s'étoit faite, puisqu'ils n'ont jamais été que fictifs.

En la page 77, après avoir déclaré qu'il se demet, sous les conditions que l'assemblée jugeroit à propos, des facultés & prérogatives qu'il s'étoit reservées : il ajoute, » qu'ainsi que je » l'avois offert depuis long-tems, je ne demandois aucun hono» raire ni appointement.

Sur quoi l'assemblée délibere en ces termes :

» La Compagnie après avoir témoigné à M. Floquet com» bien elle est sensible à son procédé, & reconnu comme elle

» l'a fait au 4e. article de ses délibérations du 10 Décembre 1751, » que si la réussite du Canal est prochaine & assurée, cet avan- » tage est le fruit du zele, de la constance, & du désintéressement » de cet Ingénieur, a consenti d'accepter sous les conditions » suivantes, la démission qu'il veut bien faire des prérogatives » qu'il s'étoit reservées, & à cet effet elle délibere :

» 1°. Que M. Floquet aura pendant sa vie la qualité de..... » &c.

Dépenses secretes.

Il est dit aux pages 18, 19, 20 & 21... que la Compagnie en le députant à Paris, lui avoit donné les pouvoirs les plus étendus : que dans l'assemblée du 22 Août 1750, il avoit été délibéré de retrancher la 8e. partie des 9600 actions, & que 880 de ces actions retranchées, seroient destinées pour l'indemniser de ses dépenses secrettes en actions en nature, à l'occasion & pour l'avancement de son projet, & qu'en remboursement de ses dépenses secretes en argent, la Compagnie lui payeroit 60000 l. avec intérêt au denier vingt, sur les produits du Canal.

Voici à ce sujet la délibération du 10 Décembre 1751, rapportée aux pages 19, 20 & 21 que l'on vient de citer.

Avis de l'assemblée du 10 Déc. 1751 sur les dépenses secretes.

» Sur ce qui vient d'être dit par M. Floquet au sujet des dé- » penses secretes en intérêt dans son projet & en argent, la Com- » pagnie a approuvé & ratifié l'endroit de la délibération du 22 » Août 1750, qui a été prise dans son bureau à Paris, sur ledit » retranchement d'un huitieme de son intérêt total, & sur les » 60000 l. qui doivent être payées sur le produit du Canal, & » non d'ailleurs, avec intérêt audit sieur Directeur général.

Plus des 880 actions & des 60000 livres ont été employées.

» Quoique par les termes desdites délibérations du 22 Août, » & par la nature de la matiere qui y est traitée en l'article dont » il s'agit, M. Floquet fut dispensé de dire l'emploi desdites 880 » actions ou portions d'intérêts, & celui des 60000 l. dont on » vient aussi de parler, & que l'assemblée, par cette raison,

» & par ce qu'elle rend justice à la droiture dudit S[r]. Directeur » général, n'eût jamais eu l'idée de lui demander aucun détail sur » l'emploi de ces 880 intérêts.....& sur celui des 60000 l.... » elle a vu néanmoins avec satisfaction, que M. Floquet avoit, en » considération de ces 60000 l. payé une somme beaucoup plus » grande...... & qu'à l'égard des actions en nature, il avoit, » non seulement cédé gratuitement lesdites 880, mais encore une » quantité d'environ 500 qu'il a prises sur les siennes propres: » la Compagnie s'est crue dans l'obligation de faire mention de » tous ces faits, & de convenir que les preuves que M. Floquet » lui en a données, ne peuvent être plus claires & plus solides; » & que cet Ingénieur a refusé les avantages qu'elle vouloit lui » faire en indemnité de ceux qu'il a sacrifiés pour elle avec » autant de générosité de sa part, que l'assemblée en est recon- » noissante.

» La Compagnie ratifie sa dite délibération du 22 Août 1750, » au sujet de l'indemnité de 60000 l., & du retranchement de » la 8e. partie de son intérêt total, au profit de M. Floquet, & » confirme ce qu'elle a délibéré à ce sujet le 10 Décembre 1751.

Avis de l'assemblée du 18 Avril 1752.

On voit en la page 32 & suivantes, jusques & compris les deux premieres lignes de la page 43, que la Compagnie devoit audit sieur Directeur général, 290586 l. 15 s. pour les causes y énoncées, & que cette somme comprenoit le prix des 600 actions dont on parlera ci-après, & que cet Ingénieur lui avoit vendues le 14 Janvier 1751.

Créance de 290586 livres 15 sols.

Que pour se libérer envers lui de cette grande somme, il lui fit l'offre qu'elle accepta, de prendre en payement 115 portions d'intérêt (ou actions) dans la partie qu'il indiquoit (page 33 & 34) & 270 intérêts ou actions burinées, faisant partie desdites 600. Les 115 à raison de 580 l. chacune, & les 270 à 680 l.; plus, à ce dernier prix, 14 autres actions burinées (page 36) ce qui

Moyen que le sieur Floquet propose à la Compagnie, pour se libérer envers lui de cette créance; elle l'accepte.

fait en tout 399 actions; au moyen de cet achat qu'il avoit, est-il dit, (page 38) proposé de faire à un prix presque double de celui auquel il les avoit cédées le 14 Janvier 1751, la Compagnie se trouvoit libérée envers lui, de près de 100000 écus; aussi (page 42) après avoir accepté avec reconnoissance les preuves de désintéressement .... elle délibéra, qu'il gardera pour son compte propre les 115 portions d'intérêts qu'il avoit passées sur celui de M. Regibaud (voir page 19) & qu'il seroit d'ailleurs expédié au Sr Floquet une Ordonnance pour retirer de la caisse de la Compagnie 284 actions ou portions d'intérêt burinées, au moyen de quoi sa Compagnie seroit libérée envers lui des 290586 l. 15 s. qu'elle lui devoit.

Avantages que la Compagnie trouva dans l'acceptation des offres du Sr Floquet.

Du précédent détail il résulte, qu'avec 399 actions que le sieur Floquet reçut, la Compagnie n'eut rien à lui payer pour le prix des 600 actions qu'il lui avoit vendues, qu'elle se trouvoit libérée de 290586 l. qu'elle lui devoit, y compris ce prix, & qu'elle gagnoit avec lui, 201 actions en nature, ou 240000 l. en argent ou en acquittement de dettes; produit qu'elle retira par la vente qu'elle fit de fesdites 600, à raison de 400 liv. chacune.

Idem. dans la cession qu'il lui avoit faite de 600 actions.

On voit aux pages 115 & 116 de la délibération imprimée, qu'il lui avoit cédé ces 600 actions pour subvenir à des dépenses indispensables, & par la condition qu'il lui fit, de ne les lui payer que sur le produit du Canal, que tout l'avantage étoit pour elle, puisque si ce Canal avoit lieu, il retireroit 300 l. d'une action qui vaudroit alors 4000 l., & que s'il n'avoit pas son exécution, elle n'avoit rien à lui payer.

Le sieur Floquet acquiert lui même à 400 livres cent onze de ces actions.

Dans ces 240000 l., il y avoit 44400 l. de son propre argent, pour prix de 111 desd. actions, qu'il avoit achetées au même prix de 400 l., comme le reste du public, non pour grossir le nombre de ses actions, mais bien pour grossir les fonds de la caisse de la

Compagnie qui s'acquittoit d'autant de ce qu'elle lui devoit, pour les avances qu'il avoit faites pour elle.

(Voir pour ces 111 actions, la derniere ligne de la page 33, les 3 premieres de la page 34, & regarder comme faute d'impression, celle d'avoir pris à la marge le nombre 111 (cent onze) pour le nombre 3).

On voit à la page 117, que M. le Comte & Madame la Comtesse de Maillebois étoient cessionnaires de la Compagnie, pour 100 desdites actions à raison de 400 l. chacune. En la page 118, que ce prix de 400 l. à l'égard de chacune desdites 100 actions de même que celui des 500 restantes pour completer lesdites 600, étoit composé de 300 l., prix du droit d'association, & de 100 liv. pour l'appel ou taxe que la Compagnie avoit imposé sur chaque intérêt, le 22 Mars 1751, pour subvenir aux frais de la construction des premiers ouvrages du Canal.

Droit d'association distinct des frais de construction.

Cette énonciation, qui explique si clairement la différence qu'il y a entre le prix du droit d'association, & les fonds destinés pour la construction du Canal, répondroit seule à la demande que font ceux, qui, faute d'être instruits, croyent que le prix des cessions d'actions, devoit être destiné pour les ouvrages du Canal, tandis qu'il appartient en propre au cédant.

L'Auteur du Canal renonce au droit qu'il s'étoit réservé sur les ventes d'eau.

On voit en la page 106, que le sieur Floquet renonce aux profits qu'il s'étoit réservés sur une partie des ventes d'eau du Canal, par souscription, par l'art. 5 de la convention ou plan d'arrangement, imprimé en Juin 1743, approuvé & reçu par la Compagnie. Quand on connoît la nature de son entreprise, on connoît que par un tel renoncement il se privoit de très-grandes sommes.

On lit aux deux dernieres lignes de la page 113, en la page 114 & aux 19 premieres lignes de la page 115 ce qui suit:

Le sieur Floquet rembourse le Sr Fauvel.

» A ce qu'en considération de ce que M. Fauvel avoit voulu » courir l'événement de la réussite du Canal, pour le montant » de diverses dépenses qu'il avoit faites pendant un certain tems » à l'occasion de cette entreprise, & que pour cela la Com- » pagnie eût délibéré de son consentement le 22 d'Août 1750, » qu'elle lui payeroit dans le tems qu'elle feroit travailler à ce » Canal, 40000 l.; néanmoins M. Floquet voulant dispenser la » Compagnie de faire ce payement, & mettre M. Fauvel dans » le cas de ne rien hazarder pour lesdites dépenses; il l'en rem- » boursa avec intérêt, ainsi qu'il paroît par leur compte du 1er. » Octobre 1750, & par la seconde proposition de l'assemblée du » 4 du même mois, dans laquelle M. Floquet, après avoir fait men- » tion des 8984 l. qu'il venoit de fournir pour la Compagnie, & » dont de même que des autres sommes qu'il a aussi fournies pour » elle dans la suite, il a été remboursé en portions d'intérêt dans » son projet *dit*, qu'au moyen du payement de 1966 l. qu'il avoit » fait à M. Fauvel, & de tous ceux qui étoient d'ailleurs énon- » cés dans ledit compte du premier Octobre, M. Fauvel se trou- » voit payé de toutes les sommes qu'il avoit déboursées pour la » Compagnie, & pour lesquelles il avoit bien voulu courir l'évé- » nement de la réussite du projet de M. Floquet, lequel l'a » même remboursé des 6087 l. 6 s., en somme principale, & de » 243 l. pour les intérêts, qu'il avoit fournies sous la même con-

Il rembourse le sieur Daran.

» dition, pour payer la moitié du montant d'un article des dépen- » ses secretes, la moitié restante ayant aussi été comptée le 7 » de Septembre 1750, par M. Floquet à M. Daran qui la lui avoit » prêtée sans intérêt, de laquelle M. Floquet, non plus que » de celles des 6087 l. 7 s., & de 243 l., a déclaré au même » endroit, qu'il en trouveroit son remboursement dans les 60000 » l. dont il a été parlé en la 2e. partie de l'art. 4e. des délibérations » du 18 d'Avril 1752, & que la Compagnie devoit lui payer pour

» les dépenses secretes, c'est à l'occasion de cette déclaration,
» & pour établir que M. Fauvel ne pouvoit faire aucune deman-
» de à la Compagnie, qu'on a cru devoir rapporter les précé-
» dents faits.

On a vu ci-devant, que le remboursement que l'on vient de citer, n'a été fait au sieur Floquet, qu'au moyen du prix d'une partie de son propre bien, & que la partie restante a néanmoins tourné au profit de sa Compagnie.

Ces remboursemens ont été en pure perte pour le sieur Floquet.

Il se rappelle, en lisant aux pag. 118 & 119, que, si l'assemblée du 10 Décembre 1751 tenue à Aix, ne prioit point M. le Marquis de Vence, de permettre qu'elle le députât pour venir à Paris à l'occasion du Canal, & que, si elle ne le députoit point pour le même objet, c'étoit parce que ce Seigneur & lui, avoient déclaré vouloir faire ce voyage à leurs frais...... que quoique la Compagnie fût tenue de lui fournir un appartement meublé dans son Hôtel, il avoit néanmoins meublé son appartement à ses frais, & payé le loyer avec ses propres fonds.

Voyage à Paris à ses frais.

Ce qu'on lit aux pages 110, 116 & 117 de la délibération imprimée, sur la vente projettée de 2000 de ses actions du Canal, qui n'eut lieu que pour 378 (page 116) rappelle que dans l'assemblée du 22 Août 1750, il propose de faire un prêt à sa Compagnie sur le produit de ladite vente, & qu'il dit à cette occasion, que quoique ces 2000 actions lui appartinssent, & qu'il lui fût par conséquent permis de les garder ou de les vendre, & de disposer du produit comme il voudroit, puisqu'il feroit la valeur d'une chose qui étoit à lui; il consentoit néanmoins, dans la vue de concourir plus efficacement à la prompte exécution de son entreprise, que la Compagnie en retirât les avantages qu'il lui proposoit.

Vente projettée de 2000 actions du sieur Floquet. Avantages qui devoient en revenir à sa Compagnie.

En conséquence il la prie de déterminer la formule des cessions, & par qui elles seroient faites & signées.

Prix de ces actions. Les trois quarts au profit de la compagnie.

Il obſerve, que le prix de chacune de ces actions, avoit été réglé à 240 l., dont 100 l. payables le jour de la ceſſion, 80 liv. quelque tems après, & 60 liv. quand 300 toiſes de Canal ſeroient faites, ce qui devoit faire pour les 2000, un produit de 480000 l, dont 200000 l. du premier payement, 160000 liv. du ſecond, & 120000 liv. du troſieme; & enfin, autant qu'il peut s'en reſſouvenir, il conſentoit de prêter à ſa Compagnie au-deſſus des trois quarts de ces 480000 l., & d'employer une partie du reſtant, au profit de deux perſonnes inutiles à nommer ici.

Une partie du reſtant eſt celui de 2 perſonnes.

Vente projettée auparavant, de 1600 de ſes actions, auſſi pour l'avantage de la compagnie.

Dans la même vue de concourir plus efficacement au ſuccès de ſon entrepriſe, ledit ſieur Directeur général avoit, dès le mois d'Août 1749, propoſé de vendre 1600 de ſes actions du Canal à 200 l. chacune, & d'en remettre le produit au tréſorier de ſa Compagnie, & quoique ce produit lui appartînt, ainſi qu'on le voit par l'acte de ceſſion qui fut imprimé à ce ſujet, & qu'il vient de mettre ſur ſon bureau, il conſentoit que cette Compagnie y prît les ſommes dont il y eſt parlé, & aux délibérations qui y ſont citées; 87 ſeulement de ces actions furent vendues.

Aſſemblée du 16 Juillet 1753. 100 actions.

M..... ceſſionnaire de ſa Compagnie pour 100 actions qu'elle lui avoit vendues 40000 l. voulant ſe libérer envers elle & ne le pouvant alors en argent, lui fit offrir en payement de cette ſomme 50 de ces mêmes actions, & 12000 l. en ſes billets. La Compagnie qui devoit audit ſieur Floquet 40000 l. qu'il avoit payées à ſon acquit, voulant prévenir toute diſcuſſion avec ſon débiteur, & ne pas prendre à plus haut prix qu'elle ne lui avoit vendues ces actions, propoſa audit ſieur Directeur d'accepter l'offre qui lui étoit faite; il y conſentit & il ſe chargea des effets propoſés; il fit ſon acquit de 20000 l. à la Compagnie, ſur les 40000 l. qu'elle lui devoit, & il ſe régla avec elle pour les 20000 l. reſtantes, ainſi qu'il eſt dit en l'art. 14 de la délibération du 16 Juillet 1753.

La Compagnie débitrice de ces 40000 liv. du Sr Floquet, lui propoſe les conditions qu'elle n'avoit point acceptées.

Ledit

Art. 8. Ledit Sr Directeur général a encore dit, que les mêmes motifs qu'il vient de rappeller verbalement à l'assemblée, & qui l'ont autorisé à rapporter les précédentes preuves de son désintéressement & de son zele pour le succès du Canal de Provence, l'autorisent à dire encore (& les circonstances l'y forcent) qu'en attendant que ses papiers lui soient rendus, & qu'il soit par-là en état d'entrer dans les détails nécessaires sur les preuves du même zele par rapport à sa seconde Compagnie, il se borne à lui rappeller les endroits suivans de sa délibération du 10 Juillet 1765, prise à l'occasion du sacrifice qu'il lui faisoit des avantages d'environ un million de livres qui lui seroit revenu, en cas de succès de la négociation importante dont cette Compagnie est instruite, & qui avoit occasionné audit sieur Directeur la perte réelle d'une assez grande somme. Voici ces endroits qu'il croit devoir rapporter de la délibération dudit jour 10 Juillet 1765.

Autres preuves du désintéressement du sieur Floquet.

Envers la seconde Compagnie.

Délibération du 10 Juillet 1765.

Avantage qu'il abandonne, & qui pouvoit être d'un million en cas de succès.

» Sur quoi, la matiere mise en délibération, Nous soussignés... » & tous dénommés dans la requête présentée par nous, l'an» née derniere, au Conseil de sa Majesté, pour parvenir à l'ho» mologation des délibérations tant du Corps syndical que de la » Compagnie généralement & extraordinairement assemblée, » en date des 4, 9 & 16 Avril 1764 *; après avoir réfléchi » mûrement; sur le rapport que vient de nous faire ledit sieur » Floquet l'un de nous, & lui avoir donné les éloges dûs à son » désintéressement & à sa générosité, caractere dominant dudit » sieur Floquet prouvé depuis plus de 30 années par tout ce » qu'il a fait pour l'exécution du grand Canal, qui, par ses soins,

* L'objet de ces Délibérations & de ladite Requête, étoit l'imposition de 2700 liv. par sol que l'on va citer, & de laquelle il est fait mention aux quatre dernieres pages du Mémoire de la Compagnie imprimé en Novembre en 1764.

» a été commencé en Provence : entreprise à laquelle il n'a jamais cessé de sacrifier son tems, ses peines, son bien même, & les avantages personnels, qu'il auroit pu retirer d'ailleurs par ses talens, s'il les avoit appliqués à d'autres objets & s'il n'eût pas eu tant à cœur le bien de l'état en général, celui de Provence en particulier & l'intérêt de sa Compagnie : AVONS unanimement délibéré d'accepter, comme nous acceptons par cette présente délibération, le bénéfice résultant de ladite déclaration en forme de cession qui nous est présentée........ mais animés du même zele & désintéressement que ledit sieur Floquet, en secondant ses desirs, nous déclarons formellement & expressément que dans le cas, où la contribution de 2700 l. par sol, ordonné par les délibérations susdatées n'auroit pas lieu & qu'en........................ & ne pouvant nous lasser d'admirer le zele sans borne dudit sieur Floquet, & les sentimens généreux qui l'ont engagé à nous céder, pour l'utilité de l'entreprise, un objet de cette importance qu'il auroit pu s'approprier ; ce que nous ne pouvons ignorer par les connoissances que nous en avons ; nous le prions d'en recevoir nos sincères remercimens, & d'être persuadé de toute notre reconnoissance d'une négociation si avantageuse & si sagement conduite, en attendant que nous puissions lui en donner des preuves plus caractérisées, plus efficaces & dignes en même-tems de notre façon de penser à son égard, &c.

Motifs qui engagerent le sieur Floquet à refuser les avantages que lui offroit une autre compagnie.

Ledit sieur Directeur a cru devoir terminer cet art. 8e. de son rapport par observer que la seconde Compagnie a pu lui sçavoir gré aussi de ce que l'un des motifs qui lui firent refuser en Juillet & en Août 1767, les avantages que vouloit lui faire celle que l'on citera ci-après, étoit, que cette derniere alors formée par la personne que l'assemblée nomme & connoît, n'en vouloit faire aucun à celle du Canal.

Art. 9. Ledit Sr Floquet croit devoir joindre aux précédentes preuves de son désintéressement, celles qu'il a données d'ailleurs en formant ses Compagnies, afin que l'on puisse dire avec plus de raison encore, que, quoiqu'il eût pu s'enrichir, comme il en avoit le droit & le moyen, indépendemment de la réussite du Canal, & sans blesser sa délicatesse, il avoit néanmoins négligé de le faire, par un excès de confiance, au succès de son entreprise & aux promesses sans effet, de ceux dont il a lieu de se plaindre, dont la saine partie de ses coassociés pourroit se plaindre aussi, & de ceux enfin, qu'il fera connoître, ainsi que leurs ténébreuses manœuvres, dans le Mémoire qu'il doit donner, ainsi qu'on l'a dit plus haut.

Son désintéressement en formant sa Compagnie.

Sa confiance au succès de son entreprise & à des promesses sans effet, l'a seule empêché de s'enrichir. Son Mémoire annoncé fera connoître une partie de ceux dont la saine partie de ses Associés & lui ont à se plaindre.

Les 9600 actions qui représentoient l'intérêt total de sa premiere Compagnie, lui ont originairement appartenu, & quoiqu'il eût pu, selon l'usage & l'équité, s'en réserver, exempte de tout fonds d'avance, la cinquieme ou la sixieme partie au moins, il avoit été assez généreux (ou peut-être assez simple) pour ne le pas faire, & verser dans la caisse de sa Compagnie, pour le montant des actions qu'il n'avoit pas cédées plus de 130000 liv.

Premiere Compagnie.

9600 actions, intérêt total: le sieur Floquet auroit pu se réserver exempt de fonds d'avance, le sixieme des 9600, & éviter de fournir 130000 liv.

On voit en la page 98 de la délibération imprimée de 1752 dont on a parlé & dont chacun de MM. les Intéressés a un exemplaire, que dans une Assemblée générale du 16 Avril 1749, & d'après l'examen du produit des ventes d'intérêt & associations dudit sieur Directeur, il avoit été délibéré de compenser les dépenses, faites jusques alors, des propres fonds de cet Ingénieur, à l'occasion de son entreprise, avec celui de ces ventes & Associations. Les premiers 46 articles de l'état des Actionnaires, remis au Trésorier du Canal, établissant que le nombre d'actions qu'il avoit alienées en Provence, avant son départ pour son premier voyage à Paris, étoit de 4816, & la

En 1749 il avoit sacrifié, au profit de sa Compagnie & à l'avancement du canal, 4816 actions, & seize années de soins continuels.

Compagnie ſachant d'ailleurs qu'il avoit commencé en 1733 à donner ſes ſoins pour ſon entrepriſe, on peut dire qu'il avoit en 1749 ſacrifié au profit de ſes Aſſociés & pour l'avancement de ſon projet, 16 années de travail continu & plus de la moitié de l'intérêt dont il avoit compoſé l'intérêt total de ſa Compagnie. Les articles de MM. les Marquis de Vence & de Bruce, compoſoient ſeuls la quantité de 2640 actions qui ne leur revenoient au plus, & pour le total, qu'à 15 mille livres, dont une partie en principal d'une rente viagere que M. le Marquis de Vence fait au ſieur Floquet.

MM. les Marquis de Vence & de Bruce, qui les premiers prirent intérêt dans ſon projet, acquirent 2640 actions pour 15000 liv.

Pour avoir maintenant une idée générale des mediocres avantages qu'il a retirés de la partie reſtante dudit intérêt total, il obſerve en paſſant, que des 4784 actions reſtantes, il en céda gratuitement, & en deux différentes fois, 1125 à un grand Seigneur de la Cour, qui reſtoit chargé de les nourrir, & à l'occaſion deſquelles ce Seigneur a payé au Tréſorier du Canal, ſon contingent de la taxe de 160 livres par action impoſée pour ſubvenir aux premiers frais de la conſtruction des ouvrages & autres objets mentionnés dans ladite délibération imprimée.

Des 4784 actions reſtantes, il en céda gratuitement 1125 à un grand Seigneur de la Cour.

Plus de 222 gratuitement auſſi au ſieur de Calzabigi, ou à divers autres, auxquels ce dernier lui en fit céder plus de 100 pour motifs que ledit ſieur Directeur général croyoit bons alors, & qui l'engagerent à ſacrifier d'ailleurs des ſommes aſſez conſidérables, ce qu'il conſtatera quand il en ſera tems.

Au ſieur de Calzabigi, & autres, 222, gratuitement auſſi.

Les 382 actions qu'il a cédées au ſieur Daran, aux prix & conditions portés par leur Acte du 24 Mars 1759, & que l'exactitude de ſon Ceſſionnaire à ſatisfaire au payement de la taxe de 160 livres, pouſſa, ſans nouvelle dépenſe de ſa part, juſqu'à 439, lui ont, par le dérangement qui parut dans la ſuite être ſurvenu aux affaires du ſieur Daran, occaſionné une perte réelle de 37400 liv. * qui n'exiſtera plus après que ce dernier ſe ſera entiérement liberé envers lui.

Les 382, ou plutôt les 439 qu'il avoit cédées au ſieur Daran, lui occaſionnerent une perte réelle de 37400 liv.

* Voy. la Piéce qui ſuit, & le Tableau ci-après.

On a vu ci-devant que ledit ſieur Directeur n'a auſſi retiré aucun avantage des 600 actions qu'il avoit cédées à ſa Compagnie, en Janvier 1751, & qui, attendu qu'elles ne ſubirent pas le retranchement du huitieme ordonné par la Compagnie, équivaloient à environ 685.

Il ne retira aucun avantage des 600 qu'il avoit cédées à ſa Compagnie.

Il ſeroit inutile de faire remarquer qu'il n'a retiré aucun profit des 500 dont il fit préſent à ſa Compagnie, ainſi qu'il eſt dit aux pages 18, 19, 20 & 21 de la délibération imprimée.

Non plus que des 500 qu'il avoit données.

Comme ce n'eſt point ici le lieu de donner les détails que l'on trouvera dans le mémoire annoncé, on ne fera nulle mention des actions dont le ſieur Floquet a payé l'impoſition, de celles qu'il a d'ailleurs cédées gratuitement & de celles qu'il a vendues à des Débiteurs de mauvaiſe foi ou inſolvables &c.

On parlera dans le Mémoire annoncé des actions que le ſieur Floquet a nourries, de celles qu'il a d'ailleurs cédées gratuitement, & de celles qu'il a vendues à des inſolvables, ou agens de mauvaiſe foi.

Ledit ſieur Directeur, auſſi dans la vue d'abréger d'autant ſon rapport, réduit aux obſervations ci-après le détail qu'il pourroit faire au ſujet de ſes aſſociations dans ſa ſeconde Compagnie, dont l'intérêt total, qui lui a originairement appartenu, eſt aujourd'hui repréſenté par 216 ſols.

Seconde Compagnie.

216 ſols, intérêt total.

De ces 216 ſols il en céda au ſieur Daran, ſon premier & plus ancien Aſſocié, 108, à raiſon de 230 livres, le ſol ſeulement, attendu que la réuſſite du Canal, & l'entiere formation d'une ſeconde Compagnie étoient alors très-incertaines.

Dont 108 ſols cédés au ſieur Daran, à 230 liv. le ſol.

On peut ajouter à ces 108 ſols, les 2 ſols que le ſieur Daran eſt obligé de lui rendre & qui ne ſe trouvent entre ſes mains que parce que dans le partage qu'ils firent de leur intérêt, il ſe gliſſa une erreur au préjudice du ſieur Floquet.

Deux autres ſols ont paſſé au ſieur Daran, par erreur au préjudice dud. ſieur Floquet.

Ledit ſieur Directeur général rappelle à l'Aſſemblée que l'intérêt qui a été laiſſé gratuitement en la diſpoſition de la Compagnie, dans la vue de contribuer plus efficacement à accélerer la repriſe des travaux du Canal, ainſi que celui qui

60 ſols ou environ, laiſſés gratuitement à la compagnie. & à divers co-aſſociés, ont été pris en portions égales dans les intérêts des ſieurs Floquet & Daran.

a été cédé gratuitement aussi à divers Coassociés, composant en tout, autant qu'il peut s'en ressouvenir, la quantité d'environ 60 sols, a été pris, en portion égale, dans celui du sieur Daran & dans le sien, il n'oublie point que la Compagnie leur en a retrocedé 24 sols, 14 au sieur Daran, & 10 au sieur Floquet.

La Compagnie en a rendu 24.

Il observe ensuite, qu'outre un intérêt d'environ 6 sols qu'il a encore cédé gratuitement, il a fourni seul & pour rien aussi, dans la même vue d'accélerer la reprise des travaux, l'intérêt de 4 sols 6 deniers dont le Corps Syndical est instruit &c. &c qu'à l'égard des précédens intérêts, ainsi délaissés en la disposition de la Compagnie, ils sont distincts de celui de 36 sols qui appartient véritablement à cette Compagnie & qui tomba dans sa caisse en Avril 1763, lorsqu'il étoit question de la Compagnie allemande dont on parlera, & à l'occasion de laquelle les 180 sols qui representoient alors l'intérêt total furent poussés jusqu'à 216 sols.

Le sieur Floquet a d'ailleurs cédé gratuitement 10 sols 6 den.

36 sols au profit de la compagnie, par l'augmentation de 180 sols à 216.

De ce qui vient d'être dit, il resulte que l'Auteur du Canal a aliené de 140 à 150 sols dans 216 dont il n'a reçu d'autre prix que celui de la partie acquittée des 24 mille huit cent livres fixées pour prix des 108 sols cédés au sieur Daran.

L'aliénation de 140 à 150 sols n'a produit au sieur Floquet que la partie acquittée des 24800 liv. fixées pour prix des 108 sols cédés au sieur Daran.

Si l'on déduit ces 140 sols & plus des 216 sols de l'intérêt total, il restera 66 sols, au moins, qui seront composés du nombre de sols que l'auteur du Canal a encore en sa disposition & de celui des sols qu'il a alienés & dont il a reçu pour le droit d'association, le prix convenu avec ses Cessionnaires, qui restent d'ailleurs, ainsi que lui & les autres Intéressés, chacun proportionnément à l'intérêt qui lui appartient, chargés de fournir leur contingent des dépenses à faire pour la construction du Canal & accessoires. Or, comme la quantité de ces intérêts par lui alienés, est d'environ 35 sols, il pourra, après que ses papiers lui auront été rendus, connoître bien mieux qu'il ne le

66 sols & plus, comprennent l'intérêt que le sieur Floquet a encore, & celui qu'il a aliéné au prix convenu.

Tous ses cessionnaires & lui restent chargés des frais de construction, &c.

Des 35 sols aliénés au prix convenu, cinq & demie l'ont été à 2000 livres, vingt à 3000 liv. trois pourroit maintenant, le montant des sommes qu'il a retirées à cette occasion, & celui des sommes qui lui sont encore dues : ce qu'il peut dire aujourd'hui à ce sujet, c'est qu'il en a cédé 5 & demie à environ 2000 l. chacun, 20 à raison d'environ 3000, 3 & demie à raison de 5000 & 6 à raison de 10000, en observant à l'égard de ces derniers, que pour reduire ce prix à celui d'environ 6000 seulement, il a exempté du retranchement ordonné par la Compagnie, l'intérêt par eux acquis. &c.

& demie à 5000 livres, & six à 10000 l. réduites à environ 6000 l. par l'exemption du retranchement.

En ajoutant tous ces différens prix, & en supposant que ce qui lui est encore dû, l'est par des Débiteurs droits & solvables, on trouvera que le produit est même au-dessous des sommes qu'il auroit reçues, si au lieu de travailler sans appointemens depuis plus de 35 ans, il avoit exigé ceux de 12000, qu'il auroit pu retirer de sa seconde Compagnie depuis Décembre 1755.

Le montant total est au-dessous de celui qu'il auroit reçu, si au lieu de travailler sans appointemens depuis 35 ans il avoit exigé ceux de 12000 l. que la seconde Compagnie lui auroit dû depuis 1755.

PIECE

PIECE servant d'éclairciſſement préliminaire;

1°. A la 24ᵉ. page du Mémoire à conſulter;

2°. A la 17ᵉ. note (page 34) du même Mémoire;

*3°. Aux endroits ci-devant tranſcrits (pages 100, dernier alineâ, & 101 cinquiéme alineâ) de l'article 9 du rapport fait à l'Aſſemblée du 3 Avril 1769 *, où il eſt fait mention des conditions avantageuſes au Sr Daran, ſous leſquelles le Sr Floquet lui avoit cédé 382 actions dans les 9600 qui repréſentoient l'intérêt de la premiere Compagnie du Canal, & 108 ſols dans les 216 qui repréſentent l'intérêt de l'actuelle.*

* Le Sr Daran a aſſiſté à cette aſſemblée, & a ſigné.

4°. Cette piece ſert auſſi de réponſe à ceux qui, faute d'être ſuffiſamment inſtruits, croiroient M. de Beaulieu d'autant mieux fondé à ſe refuſer au payement des ſommes répétées contre lui, que le Sr Daran, un des principaux Intéreſſés dans l'entrepriſe du Canal de Provence, répand dans tout le Public qu'il perd plus de douze cens mille livres dans cette entrepriſe (a).

RESULTAT de l'examen des trois Traités, faits par le ſieur Daran avec le ſieur Floquet.

De ces trois Traités, deux ſeulement ont trait au Canal.

Le ſieur Floquet a fait trois différens Traités avec le ſieur

(a) Il n'eſt pas poſſible de rapporter ici les preuves & les détails qui démontrent le peu de fondement de l'opinion des Partiſans de M. de Beaulieu, à cet égard; 1°. ces preuves groſſiroient trop ce volume; 2°. elles ſe trouveront développées d'une maniere à ne rien deſirer dans le Mémoire du ſieur Floquet contre le ſieur Daran, (*deuxiéme Partie, Examen des trois Traités, &c.*) On ſe bornera donc ici à mettre ſous les yeux du Conſeil le réſultat de ces preuves: ce réſultat ſuffit pour mettre le Conſeil en état d'apprécier ſi le Sr Floquet doit craindre les imputations de M. de Beaulieu.

Daran (*b*). De ces Traités, deux seulement ont trait au Canal de Provence, & conséquemment aux Intéressés dans cette entreprise: on n'aura ici aucun égard au troisiéme (*c*).

Premier Traité.

Le premier de ces deux Traités consiste en l'intérêt de 382 actions, que le sieur Floquet avoit cédé au sieur Daran dans la premiere Compagnie de ce Canal, dont 101 n'avoient rien payé de l'imposition de 160 livres; 67 pour lesquelles (d'après les accords particuliers à ce sujet) le sieur Daran avoit payé 18560 livres au Trésorier du Canal, & 214 toutes nourries, & pour lesquelles le sieur Floquet avoit payé au même Trésorier 21400 livres.

Comme le sieur Floquet ne pouvoit prévoir qu'il paroîtroit en 1757 du dérangement dans les affaires de son Cessionnaire, il crut ne rien hasarder en établissant sur ce dernier une rente viagere de 4200 liv. & une de 300 livres; & en consentant à la demande que lui fit d'ailleurs le sieur Daran, de lui céder & transporter une créance de 44500 livres, qu'il avoit sur deux Débiteurs qui ont fait honneur à leurs engagemens. Or comme par cet évenement inattendu, arrivé en 1757, les principaux de ces rentes devinrent illusoires, & que pour la créance de 44500 livres & les 382 actions le sieur Floquet n'a reçu que 28500 livres en billets & autres effets, qui valent beaucoup moins que des deniers comptans, il en résulte que dans ce premier marché le sieur Floquet a perdu avec le sieur Daran, & le sieur Daran a gagné avec lui 16000 livres d'une part, & d'autre part 382 actions en nature.

(*b*) Voir le Mémoire pour le sieur Floquet contre le sieur Daran.

(*c*) Ce troisieme Traité concerne le Canal d'Etampes, projetté par le Marquis de Tralaigne, & autres objets dont ce particulier étoit Auteur. Le sieur Daran a fait dans ce Traité un profit de plus de 100000 livres, mais c'est un objet absolument étranger dans la circonstance présente.

Le second Traité consiste en l'intérêt de 108 sols, que le sieur Floquet céda à crédit au sieur Daran, à raison de 230 livres le sol dans les 216 sols, qui représentent l'intérêt total de la Compagnie actuelle. De ce fait & de l'inexactitude du sieur Daran à satisfaire à ses engagemens, il résulte que les sommes considérables que le sieur Daran a retirées par l'aliénation à 10 mille livres le sol, de la partie dont il a disposé de ces 108 sols, il a eu en pur profit les grandes sommes dont on donne le détail dans l'examen rapporté dans le Mémoire annoncé. Second Traité.

TABLEAU des bénéfices (connus) du Sr Daran sur les deux Traités relatifs au Canal de Provence, qu'il a fait avec le sieur Floquet, & des bénéfices dont on a d'ailleurs connoissance, & auxquels ce Canal a servi de prétexte.

	Intérêts dans la 1ere. Compagnie.	Intérêts dans la Compagnie actuelle.	Comptant, obligation ou acquittement de dettes.
Les profits du sieur Daran dans le premier Traité, consistent en...			232060 liv.
Ceux faits dans le second, &c...... en	981 actions.	sols *	940648 liv.
Ceux faits dans les deux, en........	981 actions.	sols ..	1172708 liv.

* Le Sr Daran seul peut rendre compte du nombre de sols dont il n'a pas encore disposé.

TABLEAU des pertes faites par le Sr Floquet sur les mêmes Traités.

	Intérêts dans la 1ere. Compagnie.	Intérêts dans la Compagnie actuelle.	Comptant.
Les pertes que le sieur Floquet a faites dans le 1er. Traité, consistent en	382 actions.		37400 liv.
Celles faites dans le 2d.		108 sols	
Celles faites sur les 2, en	382 actions.	108 sols ..	37400 liv.

www.ingramcontent.com/pod-product-compliance
Lightning Source LLC
Chambersburg PA
CBHW062025200326
41519CB00017B/4924

* 9 7 8 2 0 1 9 5 7 1 1 4 6 *